100個錯誤的養狗觀念

蕾蒂西雅‧芭勒韓（Laetitia Barlerin）◎著
武忠森◎譯

目次

5

前言

「母狗一生至少應當懷孕一次」、「手是用來撫摸狗的，而不是用來處罰牠們的」、「狗應該和我們吃相同的食物」……，在談論到人類最忠實朋友時，有誰沒聽過這類的觀點呢？

因為經常聽見類似的說法，以致於我們從來不曾對此有所質疑。然而，儘管寵物的照護醫學已有了長足進步，正確知識的傳遞也日漸普及，前述觀念仍舊頑強地流傳了下來。

有關養狗的種種錯誤觀念，很有可能與孩童教養照護的錯誤觀念一樣，多不可數，而且根深柢固。而這絕非偶然。全法國總共有八百萬頭接受註冊登記的狗，是全歐洲寵物狗數量最多的國家。在短短一個世紀之內，狗已經在每個法國人的心目中，以及每一個法國家庭裡佔據了重要地位，也因此大家養成了以自己的感覺和思考模式來判斷寵物的怪癖，從而衍生出許多深植人心的錯誤觀念。

若干根深柢固的錯誤觀念讓獸醫們在接受諮詢時啞然失笑，更有些錯誤觀念會讓寵物或是飼主深陷險境；有多少幼犬深受佝僂症之苦，只因飼主一味地認為肉類是犬科動物的最佳食物？有多少人放任家中的小狗亂咬東西（以幫助牙齒成長），卻沒想到小狗長大後，飼主會成為牠啃咬的對象？

本書旨在於透過解析一百種養狗最常見的錯誤觀念，重建正確的認知，並提供讀者們關於家中愛犬的健康、行為以及日常生活等資訊，同時與讀者們分享許多實用的建議，以期大家都能和狗過著更好的生活。

祝大家閱讀愉快！

蕾蒂西雅・芭勒韓

第一章

幼犬

當幼犬隨地小便時，
要強迫牠去聞自己的尿液

　　你家飼養的幼犬經常會在廚房地磚上、客廳地毯上或是家中小朋友的床底下撒尿，你的第一個反應是大聲斥責狗，並且強迫牠去聞牠的小便。

　　錯！

你要瞭解

　　這項處罰的目的在於教導幼犬整潔觀念，但其實這個做法是無效的，甚至於會適得其反。不過這個錯誤觀念卻是廣為流傳，說穿了，這是一個非常簡單的誤會——我們總認為讓人不舒服的事物也會令狗感到不舒服。

　　其實，在狗這種食肉性動物的天性裡，從小就經常會吃掉自己的糞便，而絲毫不會感到噁心，甚至在長大之後也會吃掉其他狗的糞便。另一方面，狗很喜歡嗅聞同類的尿味，這是牠們用來辨別身分以及性別的方式。

　　因此，強迫幼犬去聞自己的尿液，對狗而言根本不算是處罰。

該怎麼辦

　　發生這種狀況時先不要生氣！幼犬和幼兒一樣，在生理上都無法長時間克制自己的便意及尿意，因此在幼犬時期，家裡發生令人「驚喜」的狀況是十分正常的。

　　當你在屋內發現了一灘尿液時，在幼犬面前要不動聲色，並得裝作沒看見。接著帶狗外出散步，同時切記別露出任何氣惱的舉動；散步完畢回到屋內時，先將狗安置到另一個房間裡，別讓狗看見你在清理牠的排泄物。

　　在室內，假使你看見狗在蹲下之前繞圈圈，就表示牠準備要便溺，此時你要立即以堅定的語氣對牠說：「不行！」，以中斷牠的舉動，並將狗帶到容易清理的場所（院子、路邊等）。在狗如廁完畢之後，記得要用微笑、撫摸或是言語獎勵牠。正如其他訓練過程一樣，獎勵永遠比處罰有效！

你知道嗎？

當狗把自己的排泄物藏起來時，如果以前述方式處罰，牠很可能會將你的怒氣、牠的排泄舉動以及處罰聯想在一起。於是狗就會挑你不在場時隨地大小便，並且將如廁地點選在五斗櫃底下或是衣櫥後方！

幼犬一來到家裡，
就要教牠認識報紙

你飼養的幼犬才剛來到家裡，你決定立即教育牠只能在鋪了報紙的地板上大小便。但是效果似乎不如預期，而且這種臨時廁所對狗而言好像不是很方便。

這真的是最好的辦法嗎？

你要瞭解

利用報紙或是破布的方法確實是既方便又容易實行，許多狗訓育人員或是繁殖場業者都很推薦這個方法。這個方法的效果幾乎可說是立竿見影，許多飼養幼犬的飼主因此感到十分放心，而耽誤了教育狗到屋外如廁的時機。其實，教育狗到室外便溺是一點都不困難的。

在幼犬五個星期大的時候，狗媽媽就會教導牠在遠離休息區域的地方大小便，最好是在鬆軟的地面上（如泥地或沙地）。幼犬基於本能，會很快習慣在通常鋪設於廚房角落的報紙上大小便，一方面遠離自己的餐具，另一方面也早已經有了自己的尿味。此

外，主人對幼犬的獎勵更能加深狗此舉的信心。然而，此方法卻和最終目的背道而馳，幼犬將無法學習控制自己定時大小便的習慣，反而是隨時想上廁所就上廁所。此外，狗也將會拒絕在屋外上廁所，而一心只想等回到屋內再解決。於是飼主只好將報紙鋪設在屋外，但是周遭環境又無法令幼犬安心……。最後，讓狗學習到屋外上廁所的時機就被延誤了，而且效果也變得更難掌握。

該怎麼辦

如果必須讓幼犬獨自留在屋內，切記將狗安置在一個地面容易清理的房間裡，別留下破布、地毯或是紙張在裡面，只要在固定的地方留下供狗休息的墊子，狗自然會在最偏遠的角落大小便。而你在事後清理時，千

萬避免使用含有氨水或是漂白水成分的清潔劑，也別對狗大吼大叫。

當狗一來到家裡，就應該開始教牠到屋外上廁所。每當狗特別想要大小便時（通常是在餐後、剛睡醒或是遊戲中），就應該帶牠到院子裡或是屋外。記得每次都要帶狗到相同的地點，以便牠能夠辨識出自己的氣味記號。當狗能夠在定點大小便時，別忘了要用撫摸以及愉悅的口吻獎勵牠。如此一來，狗便能在四個月大的時候就養成定點上廁所的好習慣。

狗控制大小便的能力

四個月大的狗控制自己不隨地大小便的時間無法超過四個小時。成年的狗在經過良好的如廁訓練之後，大約能夠忍耐十至十二個小時。

在完成所有疫苗接種之前，
不應讓幼犬外出

從寵物店將幼犬抱回家時，店家往往會對你耳提面命：「你得在一個月之內帶狗去接種疫苗，在此之前別帶狗外出，因為牠還沒有足夠的抵抗力。」

恰恰相反！

你要瞭解

狗通常在兩個月大的時候被領養，正好也是狗開始接種疫苗的時期。在接種期間，疫苗的效力最長約可達三個月。這就是為什麼長久以來，獸醫們總是強烈建議在兩次接種疫苗的間隔期間，將狗關在屋內，以避免牠暴露在可能的感染危險之中。

不過，以上預防措施如今已被狗行為專家公開反對，因為這樣的隔離行為，會讓幼犬錯失行為發展的黃金時刻，得知道這可是狗社會化的關鍵時期。

事實上，狗從三個星期長大到約三個月的時候，會開始對周遭環境產生印象，並逐漸習慣生活環境內的種種元素，如：生物、影像、聲響、氣味等。過了這個階段，任何新事物的出現都會造成狗情緒緊張，因為牠們無法從先前已熟悉的事物中獲取類似的資訊。如果狗在三、四個月大之前都被關在屋內沒出過門，牠會因為缺乏適當刺激，而無法正常地社會化，狗將因恐懼與厭惡而發展出種種偏差行為。

該怎麼辦

經常帶家中的狗外出，可以促進其社會化的發展，所以請儘早讓你的愛犬接觸並認識新環境，例如：讓牠熟悉街道上的種種聲響、人潮、車流、垃圾車等等。也讓幼犬能和不同的人、各種體型的狗以及不同動物有所接觸，好讓幼犬往後對他們再也不會感到恐懼。

若擔心狗感染病原，就要避免讓幼犬與流浪犬或是病犬接觸，也不要讓幼犬舔舐其他犬隻的尿液或是喝路上的積水，同時禁止幼犬嗅聞路上的動物腹瀉排泄物。

屋內的聲響

狗應該在三個月大之前熟悉屋內的各種聲響，包括：吸塵器、吹風機、壓力鍋、除草機等所發出的聲音。

幼犬剛來到家裡，
可以讓牠和你一起睡

深受大家期待的狗終於來到家裡。為了讓狗在離開母親的第一個夜晚不致於心靈受創，因此你允許狗和你一起睡。

好習慣要從第一天就開始養成！

你要瞭解

新飼主往往會將剛到家裡來的幼犬視為初生嬰兒；打點一切，只為了讓狗感受到新家庭的「溫暖」。家庭成員總是會因為讓狗離開狗媽媽身邊而心生愧疚，並且為了要撫平狗在親情上的失落而帶牠一起睡。這樣親密的接觸確實能夠安撫狗兒，但千萬不可以變成一種常態，甚至持續到狗的整個青春期，否則這將成為導致狗行為偏差的源頭。臥室，特別是床鋪，對於狗而言，是個具有戰略意義的場所；這裡是「主人」的地盤，

繼續讓狗睡在床上等於是賦予牠至高無上地位，這對牠未來的正常發展並沒有好處。

該怎麼辦

飼主在狗剛來到家裡時就要馬上明確地讓牠知道，哪些是牠可以逗留的地方，哪些又是禁止逗留的處所。即使狗的年紀還小，牠依然有能力掌握一些基本教育的原則。對於狗夜間休眠之處，你有兩種選擇：

• 從狗來到家裡的第一天起，就將牠安置在一個定點（通常是在廚房），當作牠的臥室。狗溫暖而柔軟的小窩千萬不可設置於通道，必須設置在獨立、乾淨、安靜且通風良好的場所。一開始狗很可能會因為不安而嗚咽，但即使樣子令人於心不忍，也千萬不要起床去安慰牠，牠最終會自行入睡，並且會習慣這樣的夜晚。使用犬科費

> **經驗分享**
>
> 為了幫助家中的狗就算不睡在你旁邊，也能夠睡得安穩，可以用小被子或是一條有你的體味的布料包住一個上發條的鬧鐘，再將鬧鐘放在狗窩裡。鬧鐘的滴答聲將能夠讓狗安穩入睡，效果就像狗媽媽的心跳一樣。

洛蒙噴霧劑（含有母犬氣味成分，能讓幼犬安心）也是一個好方法。

• 起初你可以讓狗睡在你的房間裡，但是不可讓牠睡在床上，而且在狗四、五個月大的時候，就必須明確地禁止牠繼續睡在房間裡。在狗進入青春期之前切斷牠過度的依賴，對於狗的心理健全發展是非常重要的。

幼犬咬東西是為了
讓牙齒順利長出來

你家的狗總是不斷地咬著牠周遭可以觸及的一切物件，包括：玩具、長褲褲管、鞋子，甚至是你的手。你卻任由牠咬，因為你認為狗此時有這樣的生理需求。

當心，這樣的小遊戲可能潛藏危機！

你 要瞭解

幼犬大約三個星期大時，便會自然顯現出咬東西的行為。狗會在玩耍時咬牠的兄弟姊妹或是媽媽；更大一點時，就會開始藉由咬東西來探索周遭環境。

這項行為和牙齒生長並沒有直接關係，因為乳齒大約在一個月大的時候就長齊了，而且得等到三個月之後才會開始換牙齒。

但是，飼主們的想法往往相反，他們會將幼犬視同正在長「牙齒」的嬰兒，於是會忍痛任由狗在遊戲時大咬特咬。

然而，幼犬應當在兩個月大時就能控制咬東西的力道，並且不能造成傷害。

學習控制力道的過程，通常由狗媽媽負責；每當狗媽媽被幼犬咬痛時，就會立刻咬住幼犬，並將牠壓制在地上，飼主有義務代替狗媽媽擔負這項責任，否則幼犬將會在遊戲中傷害人或破壞環境，也無法自我克制或是中斷某一項行為。沒學過控制力道的狗長大之後，很有可能會變得非常具有攻擊性。

該 怎麼辦

為了幼犬的生理以及行為能健全發展，各種遊戲是不可或缺的。因此必須鼓勵狗遊戲，但也必須讓狗明白凡事都有限度，同時學習控制自己的上下顎。

如果狗過於躁動，而且咬的力道過大，就應當立刻制止，要堅定而強勢地對牠說：「不行！」隨後暫時別對狗說話，並將目光

移開，同時離開牠。對狗體罰通常是不恰當的，因為幼犬會將體罰誤以為是一種遊戲，並繼續玩耍；狗也可能會因此心生害怕，轉而發動攻擊。此外，大聲斥責也可能會助長狗繼續啃咬。

可讓幼犬和另外一隻發展健全的成犬相處。成犬將會在幼犬啃咬過於用力時適度給予處罰，並自然而然地糾正幼犬的行為。

在各種狀況下，都必須是由你來主導遊戲，因為你才是老大。如果在你看電視時，狗靠過來煩你、要你陪牠玩耍，千萬不要因為將牠推開而覺得不忍。你大可以辦完正事再陪牠玩耍！

你知道嗎？

禁止與狗一起玩的遊戲包括各種拔河（用繩索或是布塊等），因為這類遊戲會讓幼犬過於激動，並令幼犬更為粗魯，甚至於更具攻擊性，也完全無法讓幼犬學習克制啃咬的欲望。

補充鈣質能夠
讓幼犬的耳朵挺立

你飼養的德國狼犬已經四個半月大了，但是從一個多星期以前，牠的耳朵卻開始下垂。你認為這純粹是因為缺乏鈣質，於是開始讓牠大量補充鈣質。

這些礦物質根本不會有效果！

你要瞭解

在耳朵會挺立的犬種裡（牧羊犬、約克夏、西高地白梗犬），常常可以見到四至六個月大，也就是正在更換乳齒的幼犬耳朵「倒塌」。有好長一段時間，專業繁殖業者以及獸醫都認為此低垂現象是因為缺乏鈣以及其他礦物質所致，因為鈣等礦物質會被優先用於製造牙齒，而不是支撐耳朵。在補充這些礦物質數週之後，幼犬的耳朵往往會恢復挺立，因而更讓業界及醫界相信這個觀點。

這真是無稽之談！

狗的外耳是由外頭被肌肉與皮膚包覆的軟骨組織所組成，而該軟骨組織並沒有鈣的成分（否則軟骨早就變成骨頭了），也沒有任何科學資料顯示飲食會影響耳朵的挺立與否。

幼犬耳朵在換牙期間下垂其實是與若干神經網絡輕度發炎有關。另外，因為軟骨組織正在成長，而變得較有彈性，因此暫時無法支撐耳朵的重量，這也是垂耳的原因之一。

該怎麼辦

補充鈣質對於成長中的幼犬是沒有意義的，甚至是有害的。這些幼犬只要根據其年齡所需，均衡地攝取食物就夠了（參照第21頁）。耳朵下垂的情況會在幼犬六個月大時恢復正常。除此之外，不管繁殖場業者的說法如何，剪短約克夏或西高地白梗幼犬耳朵的毛髮，並不是讓垂耳挺立的最佳解決方法，因為毛髮並沒有什麼重量！耳朵的外觀主要受到基因影響，也就是說遺傳自狗的父母。

你知道嗎?
塌耳對於純種狗而言，是取得優良血統證明的一大傷害。

狗到了一歲
就會停止成長

你的紐芬蘭犬在四個月大時已經有二十五公斤了，若一直保持這樣的成長速度，牠很快就會達到成犬的標準體重——六十公斤了！既然如此，為何一般還是建議在幼犬兩歲前都讓牠吃「特殊成長」配方，而不是只吃到一歲為止呢？

狗的血統不同，成長速度也會有所差異。

你 要瞭解

當犬科營養真正成為獸醫學的一門學科時，所能獲得的資料全來自於最完美的實驗室犬種——米格魯。

於是中型犬的成長特徵便被錯誤地套用

狗的成長並非呈穩定的線性成長

狗出生後數週的成長速度最為驚人，然後根據不同犬種，在三至八個月之間速度會減緩，一直到完全成長為止。

到所有犬種身上，結果造成長久以來大家都誤會幼犬在十二個月大時就停止發育。

時至今日，大家已經知道犬種不同，其生長速度也不相同；狗的成長幅度、時間與狗最終的體重成等比。約克夏大約在八個月大時就達到成犬體重，此時的體重是剛出生時的二十倍。

相反地，紐芬蘭犬要等到二十四個月大時，才算是成犬，此時牠的體重約是剛出生時的八十至一百倍！不同犬種的成長期差異真的很大。

該 怎麼辦

幼犬對於食物的質與量等種種需要，都和成犬不同。幼犬在成長期結束之前都需要適當而均衡的食物；小型犬的成長期約為八至十個月，中型犬為十至十二個月，大型犬則是十八至二十四個月。

對於任何犬種的幼犬，建議都餵食由營養專家調製的「幼犬成長完整特殊配方」，而不須再額外補充維生素或礦物質。這類配方還具有比較省錢、方便的優點，而且比自家調配的飲食更令人安心。

如果你還是比較喜歡自行準備食物，記

得事先向獸醫詢問清楚成分、數量以及營養補充等細節，確保狗能獲得每日需要的熱量，並設法維持三大營養素的均衡攝取，即保持動物性蛋白質30~35%、脂肪15~20%、碳水化合物50%的比例。

❝ 經驗分享

如果是由狗媽媽親自哺乳，我建議你要給牠吃「特殊成長」配方狗糧，此類產品不僅能提供母犬分泌乳汁所需的營養，同時也能幫助幼犬斷奶（適應固體食物的過程）。幼犬將會自然而然地吃起狗媽媽餐碗裡的食物。

如果幼犬獨自留在屋內，
就會咬東西出氣

幼犬不喜歡你留下牠獨自在家，於是咬你的個人物品出氣，並且已經咬壞過你的書本，甚至於衣服！

這並不是報復，而是牠焦慮時的反應！

你要瞭解

很多飼主會因為必須長時間將小狗獨自留在家裡而感到內疚，也因此他們會將小狗的破壞行為視作憤怒的發洩。

然而，這類破壞行為通常伴隨著吠叫並造成環境髒亂，是一種小狗悲傷時的表現。這種分離焦慮感是幼犬常見的情緒問題，來自於幼犬對於飼主的過度依戀，令正處於青春期的小狗出現行為異常。小狗因為看不見主人而茫然失措，牠會心生懼怕、低聲嗚

你知道嗎？

好習慣從一開始就要養成。 從小狗一來到家裡開始，就要避免對牠滔滔不絕地談論出門的話語，因為牠並不瞭解話中的意思，也要避免在回家時和小狗大肆慶祝，因為牠並沒有時間概念！

咽、大聲喊叫，接著以行動與「嘴巴」四處尋找主人，例如：咬著主人最後觸摸過的物件以平撫情緒。飼主發現小狗所造成的損壞而發脾氣只會加重小狗的焦慮，因為小狗根本不明白自己做了什麼錯事。

該怎麼辦

為了讓小狗習慣獨處，不管你不在家裡的時間有多長，都得改變自己外出前以及回家後的行為模式。在外出前的半個小時，請刻意完全忽視小狗。可以留意小狗，但別和小狗說話，也不要注視著牠。尤其避免說出「要乖一點喔！」、「好好看家！」等會引起

小狗焦慮的句子，然後假裝要去按鄰居門鈴一般走出門外。即使小狗吠叫也別回頭。等你回家時，也要刻意忽視牠，即使小狗十分激動興奮，並且朝著你跳上跳下也不例外。只能在小狗平靜下來後，才能夠對牠表示關心。

如果小狗造成了什麼損壞，不要對牠吼叫，趁著小狗不在場時再清理現場，否則小狗可能會誤以為清理也是在和牠玩遊戲。

經驗分享

我經常使用母犬費洛蒙來處理狗的分離焦慮感。這種易揮發的物質是母犬分泌乳汁時所散發的氣味，具有安撫幼犬的功用。可以在獸醫診所購得，有噴霧劑和項圈兩種形式。

要避免新鞋被啃咬，
就得丟隻舊鞋給幼犬

自從你一雙雙嶄新的皮鞋都在小小新伙伴的嘴下壯烈成仁之後，你便處處提防狗的尖牙；你寧可給牠一雙破舊的鞋子，好讓牠能夠放過其他鞋子。

這絕對不是最好的解決之道！

你要瞭解

許多孩童的玩具其實都是成人用品的複製品，例如：行動電話、汽車、電腦、爐具等，因此，也有人想出用類似物件來取代不讓小狗碰觸的物品，以便讓小狗對不應碰觸的物品失去興趣。

然而，就算小狗能夠很快地辨別什麼事能做或什麼不能做，牠卻很難明白為何不能啃咬外出鞋，但是能夠咬舊鞋子。咬外出鞋的時候會被處罰，咬舊鞋子的時候卻會受到鼓勵，這真是會令狗感到矛盾的教育！想用舊鞋轉移小狗對新鞋的注意是不可行的。

不管怎樣，小狗總是喜歡主人穿過的鞋子，因為上頭帶有主人的氣味！不論是新鞋或舊鞋。

該怎麼辦

不管是你和小狗在一起或是小狗獨處，記得總是要給牠一些物品讓牠玩耍。這將有助於小狗的教育以及其腦部運動發展。小狗會嗅聞、拉扯、推擠、啃咬這些物品，或是將物品啣在嘴裡以便攜帶至較遠之處，這些遊戲可幫助小狗學習控制各種動作。

但是，這些物品不應該是生活周遭隨手可得的東西，應盡量採用外型或結構獨特的物件，以避免混淆小狗的認知。你可以選擇：蹓狗專用的繩索、狗兒專用益智方塊、

會發出聲響的塑膠製玩具、牛皮製骨頭、球等，以上物品在寵物店都能輕易購得。

拋球遊戲

拋球遊戲對於小狗注意力以及智力的健全發展而言是非常理想的遊戲。舉例來說，可以假裝將球拋出，小狗會立刻追出去，等到回來後才發現原來球還在你的手中；幾次之後，小狗的注意力會更為集中，不會隨便衝出去，除非是確定你真的將球拋出去了。

為了幫助幼犬成長，
得讓牠補充鈣質

你總是隨時注意家中幼犬迅速的成長狀況，為此，你在獸醫的建議之下餵食幼犬飼料，並在繁殖業者的推薦之下為幼犬補充鈣片與維生素D。

當心，可別過量！

你要瞭解

鈣質是牙齒與骨骼生長時不可或缺的元素，然而，幼犬對於鈣質的攝取過量與不足的反應同樣敏感，而鈣質攝取過量的現象在今日更為普遍，通常又因為維生素D的攝取過量而更加嚴重。

事實上，鈣質攝取過量對小狗來說是一種毒害；過多的鈣質會阻止骨骼正常發展，並引起骨骼及軟骨嚴重且無法彌補的病變。多餘的鈣質也會干擾腸道對鋅、磷、銅、鎂等物質的吸收，進而引起種種併發症。不論是吉娃娃或是大丹犬，鈣質的攝取量都很容易就達到臨界標準；對於幼犬，只須餵食錠狀或是粉狀的鈣質補充劑，以及餵食成長所需的完全營養配方食物即可。

該怎麼辦

當幼犬只吃自家準備的食物時，才要另外補充礦物質以及維生素，因為肉類食物通常鈣質含量不足。

最有效、經濟的解決方式就是讓愛犬食用市售的成長配方食品。這類食品皆已添加幼犬成長所需的均衡礦物質與維生素，因此，你不須再額外補充營養素，即便你豢養的是大型犬。

> **經驗分享**
> 千萬不要因為你自己的小孩服用維生素D，就讓愛犬也服食。此種維生素雖是促進骨骼生長所必需，但若攝取過量，將會像鈣過量一樣造成不良影響。

對於成長中的幼犬
不必限制食量

在幾個月之內，你的拉布拉多幼犬就要從出生時的數百公克，大幅成長到二十公斤以上！於是你便讓愛犬能夠隨心所欲地食用乾狗糧。

千萬不可，你得限制狗的食量！

你 要瞭解

成長期是愛犬一生中的關鍵時期，其特徵是愛犬的體重會大幅增加，但不是呈穩定的直線上升。

相對於成犬，更應該注意幼犬熱量、蛋白質、維生素和礦物質的攝取。但這並不表示你能夠餵食幼犬過多的食物！因為此舉可能會對狗的健康以及行為造成嚴重的不良後果。

過多的食物會導致幼犬過度肥胖，此一早發性肥胖將難以治療，而且常見於小型犬種。幼犬若攝食過量將造成脂肪細胞增生，令油脂堆積在體內。脂肪細胞的數量越多，造成肥胖的危險機率也越大。

此外，對於大型犬種的幼犬而言，過量的飲食會加快成長速率，同時造成體重過重，二者皆有礙骨骼的正常發展。成長過於迅速的幼犬容易出現骨骼及關節變形等難以挽救的問題。

飲食狀況混亂也對幼犬的精神狀態有負面影響。（參照第38頁）

若狗是向寵物店或繁殖場購買的，一定要問清楚小狗之前的飲食內容、飼料品牌、食量與時間，把小狗帶回家後，要先按照原先的方式餵食，否則會造成小狗不適。

該 怎麼辦

請為愛犬選用優質的狗糧，製造商都已經在包裝上詳列每日建議食用量；建議食用量會根據幼犬的年紀、體重以及犬種而有所不同。

直到幼犬三個月大為止，可以每日餵食幼犬四頓分量較少的餐點。隨後逐步減量為三頓；當幼犬處於成長期中段時再減為兩頓。根據犬種不同，成長期中段的時間也有所不同（四至七個月大）。成犬則是每日進食一至二餐即可。

狗一日所需熱量為每公斤一百五十仟

經驗分享

我通常選用盒裝的幼犬成長期專用乾狗糧，這類狗糧所含的營養素和一般狗糧相同，但是含量較少，也比較適合幼犬的消化能力。

卡，而幼犬的食物講求容易消化與少量多餐，飼主可參考以上原則為狗備食。

為了撫平幼犬的緊張情緒，餵食的時間必須固定，使用同一個食器，並且在固定的安靜場所餵食。

儘可能等飼主用完餐點之後再餵食，同時要避免在兩頓餐點之間讓愛犬吃任何食物。

第二章

教育

只能用手撫摸狗，
而不能執行處罰

當愛犬犯了錯，你知道應該如何處置；你會用舊報紙或是破布在愛犬的屁股上輕輕拍打一下。你總是避免直接用手拍打，因為你認為愛犬將無法明白為什麼手既是用來撫摸，同時又是用來糾正行為的。

真是奇怪的觀念！

你要瞭解

用別的物品來拍打愛犬，這是一種不自覺卻十分常見的糾正方式；此一媒介物可以讓飼主免於罪惡感，飼主認為如此一來，愛犬就不會怪他了。這樣的觀念只是再度證明人對於犬科動物行為有所誤解。

不管是不是藉助報紙，狗都很清楚糾正來自於飼主，因為該糾正舉動伴隨著主人不同於平常的聲調以及神態，而此種聲調與神態往往比糾正行為本身更為重要。

狗不會將飼主的部分肢體動作與周遭狀況聯想在一起，但是會留意飼主整體的外在態度，特別是臉上表情以及手勢，以便更清楚地知道飼主的意圖。

直接體罰容易導致狗的反擊，一般只要以聲勢予以威嚇，讓狗感受你的權威即可。

> **經驗分享**
>
> 你的態度必須「外柔內剛」；你必須保持堅毅威嚴，但舉動不可粗暴。你得知道百分之八十的訓練效果都是因積極鼓勵而加強的；獎勵比處罰還要有效，效果也更持久！

該怎麼辦

若非不得已，千萬別體罰，即便是體罰也應當避免使用任何器材。因為在體罰時，永遠無法知道器材對於動物會造成的影響。身心受創的狗將永遠無法明白主人對自己的期待。

想提高處罰的效果，得在愛犬一出現不受期待的舉止行為時就立刻予以處罰，而且每次都必須這樣做。最好是用聲音來進行處罰；一聲簡潔而宏量的「不行！」，要比在屁股上拍打一下有效得多，特別是當你面露不悅時（但是別露出憤怒的表情，以免讓愛犬受到驚嚇）。不要瞪著愛犬的雙眼，應直視其背部。

你也可以藉由中斷一切互動與接觸來處罰幼犬，如果幼犬亂咬東西，可以輕輕拍打一下牠的嘴部，或是抓住牠頸部的皮膚。而對於成犬最好的處罰方式就是將牠趕回牠自己的窩。

預防犯錯行為

阻止甚至預防愛犬犯錯，遠比等愛犬犯了錯再來處罰更為有效；例如：假使愛犬靠近沙發，並企圖跳上沙發，你得在牠跳上去之前便說出「不行！」，同時在愛犬靠近你時獎勵牠。

牽繩對狗而言
是一種束縛

你認為，套上牽繩的狗就好比籠中鳥，狗的行動不再自由，牠會覺得自己像是囚犯，於是你選擇了一個折衷的解決方案——伸縮式牽繩。

別錯把愛犬當成小鳥！

你要瞭解

牽繩也許會讓人聯想到農場上被狗鏈拴住的犬隻的可憐模樣。對於大多數的人而言，套上牽繩的狗就是一隻囚犬。

然而，牽繩主要的功能是讓飼主能夠和愛犬「手牽手」去散步，同時也是一種訓練工具，還是一種防止意外發生的安全措施。

狗本身並不會意識到自己失去了自由；讓狗感到幸福的是能夠陪伴在飼主身邊，參與飼主的各種活動、遊戲，並且跟隨飼主外出……等。

基本上，牽繩對於狗而言代表著牠和飼主的共處時刻——散步。

該怎麼辦

訓練你的愛犬套上牽繩行走，也就是走在你的身邊，依循你的步伐而不須你拉扯制。這也是牠應受的基本教育之一，就像服從「坐下！」以及「趴下！」等口令一樣。此學習過程也是一種公德心的表現，可以避免狗拉著主人跑。

牽繩同時也是一種階級表徵，可以安定狗的心理；繩子是出了領域範圍（房屋）之外，狗與主人間唯一的肢體連結。牽繩可以幫助犬隻明白飼主的心理狀態（緊張的飼主＝緊繃的牽繩），而且也讓犬隻無法為所欲為。

要避免讓狗把牽繩跟遊戲結束聯想在一起，也避免和在公園嬉戲後的回家時刻聯想在一起。記得繼續讓愛犬套上牽繩行走，同時和牠說話、玩耍或是撫摸牠，也最好每次都走不同的路徑回家！

> **經驗分享**
>
> 我不建議使用伸縮式牽繩：狗並不會因為多了三公尺而覺得更自由一些。此外，多出來的牽繩也可能會絆住行人的雙腳，同時也讓飼主與愛犬之間失去訊息傳遞的管道，而且無法透過行走達到訓練目的。

狗犯錯時，自己會有所意識

當你回到家時，甚至還沒開始巡視屋內，你就已經知道愛犬趁你不在時犯了錯。因為牠迎接你的時候神情羞愧、尾巴以及耳朵皆下垂、目光渙散⋯⋯，看似心情忐忑。

若你的愛犬什麼都沒做呢？

你要瞭解

在你返家之前，愛犬不可能對於自己的行為感到罪惡；動物並不像人類，牠們不具有能夠分辨好惡以及公正與否的邏輯能力。

事實上，犬類不會表現出罪惡感，而是放低身軀表示順服，以緩和地位高者的攻擊性，也就是你的攻擊性。

其實，你正不自覺地阻止愛犬犯錯；當你一回到家裡，便透過某些訊息表現你的憤怒，例如：表情冷淡、眉頭緊蹙、目光質疑、動作急躁等，而愛犬便會將這些訊息解讀為威脅訊號。

你的愛犬將你的這些舉動解讀為一種正在壓抑憤怒的視覺訊息，可是牠並不知道憤怒的來源，只感覺到自己是憤怒的目標。

你知道嗎？

水測驗：你懷疑愛犬沒有罪惡感嗎？趁牠不在場時，在房間地板上灑上一灘水，然後把愛犬召喚過來，同時裝出憤怒的樣子。好好觀察牠的羞愧神情吧。

該怎麼辦

不管是獎勵或處罰狗，都必須在事發後五秒內執行，否則狗弄不懂因果關係。因此，即使你回到家發現屋內或是院子裡一片狼藉，也不要表現出你的憤怒，並且以呼喚或是撫摸回應愛犬所表現的臣服姿態。

你可以蹲下、輕聲召喚愛犬，同時面露

經驗分享

千萬別在狗表現臣服時糾正牠，處罰必須在犯錯的當下執行，而不是事後。除此之外，你的反應已經和愛犬的行為有時間上的落差了，牠將會變得更為興奮，並在家裡惹出更多的麻煩！

微笑並輕拍自己的大腿。

狗將會緩步走向你，牠的尾巴雖然仍呈現下垂，但是略微搖擺，牠的雙耳也會向後方垂下。狗也會開心地舔著你的雙手。

記得要撫摸牠，並且和牠做點活動（遊戲或散步）。稍後趁狗不在場時，再來收拾凌亂的現場。

如前所述，下次當你親眼目睹狗犯錯時，可即時使用「忽略」法或嚴肅地說：「不行！」來遏止牠的錯誤行為。如果這兩種方法都沒有效果，就要請教獸醫或行為諮商師。

狗聽得懂
人家對牠說的話

你確信愛犬只是無法說話，並且認為你們倆幾乎可以像是兩個好朋友那樣無所不談。狗看起來似乎能夠明白你對牠所說的一切！

狗沒有辦法瞭解人類語言的意義。

你要瞭解

狗兒理所當然是人類最好的聽眾；對狗說話時，牠就會靠上前來，聽著人說話，注視著人，並有所反應。狗會根據人臉上的表情而表現出落寞或歡欣的神情，於是人便以為狗能夠明白人類語言的意義。這個錯誤觀念會導致訓練方向有所偏差；飼主將會下達完整的語言指令，如：「別趁我不在時偷跑到菜圃裡！」，而這是愛犬所無法理解的。

雖然狗能夠聽見我們說話，並且區分每個字句的語調差異，但是牠無法掌握句子的內容。每個字，或者更精準地說每個音，對於狗而言，當它和某個動作（「公園」代表去散步）或是某個明確物品（「玩具熊」以及「皮球」代表遊戲）有關聯時，這個音就具有特別意義。當人說出一連串長篇大論時，狗並不會因為內容而有所反應，而是根據人臉上的表情、手勢以及語調等一切讓牠引發聯想的因素。這就是狗能夠「明白」我們傷心以及快樂的原因。

你知道嗎？

說話的音調：除非你每次都以相同聲調發出指令，否則狗不會對該指令有所反應。當你以充滿憤怒的語氣說：「站起來！」時，牠是不會做出站立動作的！

該怎麼辦

訓練狗最好的方式是，絕對不要用完整的言語來向牠說明你要牠做什麼，如：「去把皮球撿回來給我！」而是讓訓練用詞每次都伴隨相同動作或是清楚手勢，例如，說「拿來！」時要保持蹲下的姿勢，露出愉快的表情，同時拍打地面以使狗鬆開皮球，接著一面對牠說「很好！」，一面撫摸牠。

超過兩個字的口令很難讓狗有所領會；大部分的狀況下，狗只會抓住句子中的一個詞，像是「去把皮球撿回來！」中的「皮球」。

狗會決定自己
該待在家裡哪個位置

你的愛犬從小時候一來到家裡，便會在牠覺得合適的地方休息，包括：床鋪、沙發、走道、籃子等等。你任由牠隨意更換地點，因為你認為只有狗自己才知道對牠來說最舒服的位置。

當心後果！

你 要瞭解

顯然大家都同意在街上時，各種寵物都必須嚴加看管。然而，一旦回到家裡，許多飼主就會放任愛犬隨心所欲。給愛犬規定休息的地方，對他們而言簡直是天方夜譚；飼主總認為熟睡的狗不會造成任何不便，而且對他們而言最重要的就是狗能感到舒適。

然而，讓狗隨意佔據位置，等於允許牠管制「家庭」裡的領地，也就是確認了牠領導者的地位。於是有些狗便選擇在通道或是可居高臨下之處休息，以便監控所有出入活動。要讓狗搬家很快就變成是危險任務，當牠成年之後更是如此，因為狗再也不接受有人挑戰牠的地位。

> ❝ 經驗**分享**
>
> 你必須尊重愛犬的臥鋪；絕對不要去打擾牠，就算是要撫摸牠也不行；狗在此狀況下發出低鳴聲是正常的，因為你闖入了牠的私有領域。

該 怎麼辦

身為「家庭」中的家長，你必須決定狗可以睡在哪裡或是不可以睡在哪裡。必須嚴格禁止狗睡在床鋪或沙發上，以免牠養成「自我優越意識」，也必須堅定地要狗遠離走道或是大門入口等監控地點。你必須給愛犬準備一個甚至數個專屬於牠的角落，讓牠在起居室、廚房甚至臥室裡都有自己的地盤。將這些地點安排在遠離你行走必經之處，然後為牠放置狗窩、籃子或是小地毯等。

狗窩也是處罰工具

當狗犯了錯，將牠遣回狗窩，如此一來，牠便會感覺自己被暫時與周遭生活隔離了，這是最好也最溫和的處罰。

狗若私自外出遊蕩，
就必須接受處罰

你飼養的黃金獵犬又蹺家了，這不曉得是第幾次了，於是你不得不在愛犬羞愧地返家之後將牠斥責一番。你認為愛犬總有一天會明白的。

你真的認為這樣做合理嗎？

你要瞭解

不少飼主認為狗蹺家外出是令人難以理解且無法接受的事件，並為此而感到苦惱。

在狗回家時，幾乎是免不了一頓責罰。特別是狗對於自己蹺家的外出行為不當一回事，越來越常夾著尾巴並低著頭回家，好像牠「知道」一般，而這在我們的眼裡便構成了處罰的正當性。

事實上，狗知道你在生氣，但是牠無法將你的情緒和牠自己的遊蕩行為聯想在一起，所以表現出順服的舉動以期阻止衝突，卻沒想到換來了一陣糾正教育。此一處罰行為對狗而言是難以理解的，並且會導致狗變得焦躁。一段時間之後，牠甚至會猶豫是否要回家。

該怎麼辦

當你的愛犬遊蕩歸來，千萬別對牠大聲咆哮，反而應當展開雙臂迎接牠，並給予獎勵。愛犬會覺得自己受到接納，而不是被「老大」排擠。

你得找出愛犬外出的原因，例如：母犬發情、有其他犬隻或孩童在附近玩耍、想要外出活動、因飼主不在家而引發焦慮、因狩獵本能趨使、受鄰居的寵物食物吸引等等。

詢問你的鄰居，並且趁著愛犬再度外出時跟蹤牠；試著開車超越牠，並帶著堅定卻不兇惡的神情在牠面前下車，愛犬會因此吃了一驚，並且立即返家。

你知道嗎？

公民責任：當你的愛犬外出遊蕩時，若是發生任何意外或是愛犬造成任何損壞，你都必須負全責。可能的損壞包括：養雞場的損失、籬笆毀損、交通事故等。

最好趁著假期時
購買或是認養狗

你總算下定決心飼養一條狗，但是你也事先告知繁殖業者，你想要等到暑假時再開始養，因為屆時才有時間好好照顧狗兒並認識牠。

這真的是最好的解決方法嗎？

你要瞭解

迎接新的幼犬總是一椿大事，因為幼犬即將成為家裡的新成員，大家都必須盡力讓幼犬在遠離母親以及其他手足之後，能順利融入全新的生活。很自然地，在剛開始的幾個星期裡，大家都會試著想要休假，好在家裡多陪陪幼犬，以便和牠建立關係，並避免讓牠感到徬徨無助。

然而，狗很快就會習慣長期有人陪伴的生活，並且適應居家生活的步調。如此一來，牠將會無法適應突如其來的分離狀況，例如：假期一結束，大家都必須返回工作崗位時，牠就得面臨獨自在家的情形。之後落單的狗可能會在每次看不見主人時產生焦慮感，並且損壞家中的財物，或是發出噪音，以傳達牠自己的所在位置，這種傾向在米格魯這類「群獵犬」身上尤其明顯。

經驗分享
我建議使用能夠緩和狗兒情緒的母犬費洛蒙，這有助於幼犬適應新環境，並且在看不見飼主時安定心情。這種費洛蒙可分為項圈或是噴霧劑二種形式。

該怎麼辦

避免一開始飼養狗時就和牠一起去度假；牠應該盡快在一個未來必須熟悉的環境

關鍵年紀

當幼犬的年紀超過十二週，牠學習社會化的階段便宣告結束，牠將更難以適應新環境以及作息。

中生活，也就是你的住家。

你不必在幼犬剛來到家裡時請長假陪牠，那是沒有必要的。只需幾天的時間，狗就會和你培養出密不可分的關係。

你得立刻讓狗偶爾有獨處的機會，時間長短不拘；你可以外出購物，讓牠獨自留在家中，同時留下一件帶有你的氣味的衣物。

第三章

飲食

狗應當和主人
吃一樣的食物

你無微不至地照顧愛犬，讓牠分享你的一切：你的臥室、你的所有活動、你的假期，甚至於你的飲食！牠可真是幸福啊！

你可知道自己也許犯了大錯？

你要瞭解

在超過一萬年以來，家犬分享著人類的餐點，或者更精確地說，牠們一直是吃人類的殘羹來裹腹，也一直非常滿足於人家施捨給牠的一點點剩菜。

如今，狗已經進入居家生活，牠已經成為家中的一份子，甚至有很多狗被當成人一樣對待，因此讓許多人認為，狗也應當和人類吃相同的食物。

一味地將我們的想法以及感覺投射在動物身上，卻無視於人和動物之間的差異，這樣是非常危險的，不僅在飲食方面如此，在其他方面也是。人類是雜食性動物，但是狗卻主要是肉食性動物，其所需要的營養素是非常不同的，也有其特別的需求。

該怎麼辦

不要幫狗準備和你類似的餐點，尤其要避免讓狗吃你的剩菜。不合適的飲食會導致狗營養不良或營養過剩，首先可能會出現的症狀就是肥胖。

一日餵食二餐，餐點內容以動物性蛋白質（肉類或禽類）、穀類（米飯、麵等）以及綠色蔬菜為主要成分，不要忘記補充礦物質、維生素以及蔬菜油等。記得要詢問狗的獸醫，只有他能夠建議合適的食物、分量以及烹調方法。

點心

千萬別為了討狗歡心而給牠零嘴（乳酪、餅乾、糖果等），因為牠的食量將會受到影響，進而引起消化道問題，長期來說會造成狗的健康負擔。

狗食罐頭以及乾狗糧
可能會傳播狂牛症

狂牛症、基因改造食品、戴奧辛、沙門氏菌……，現代社會已經充斥著許多食物危機，而我們也對盤中的食物疑慮日增，連帶地，我們也開始擔心起愛犬的飲食。

真是庸人自擾啊！

你要瞭解

就目前所知，市面上所販售的狗食或貓食並沒有傳播牛腦部海綿組織病變（俗稱狂牛症）之病源的危險。

動物食品的製造以及來源都有嚴格的控管，所使用的肉品也都來自於經過屠宰廠獸醫部門驗證合格的動物，這些肉品甚至可以讓人食用，而具有危險性的內臟（腦部、淋巴等）都早在準備階段便予以剔除。

法國自二○○○年起即明文禁止在家庭寵物的食品內添加磨碎的肉末或是骨粉，主要目的就是為了避免遭到牛類食品的污染。

不同食材各自有不同的烹調方式，一切都非常明確，為的就是防範一切可能的感染源。再說，至今尚未在犬類身上發現狂牛症的病原體——普利昂（Prion）。

你知道嗎？

「有機」標籤：在狂牛症危機環伺的今日，若干業者紛紛開始為狗開發「有機」食品。只不過，「有機」標籤僅僅是對全部或部分食材的來源予以保證，無法擔保其營養品質，也不能保證該食品配方符合您愛犬的需要。

該怎麼辦

在為愛犬選擇狗食品牌之前，請徵詢獸醫的意見。根據台灣飼料管理法的規定，飼料的製造和輸入，都應將其類別、品目、商品名稱、成分、理化性質、檢驗方法、適用對象、使用方法等相關資料或證件，向中央

貓咪呢？

在貓咪身上已經發現若干腦部海綿組織病變的罕見病例（犬隻身上則尚未發現），但目前還沒有任何證據顯示這些案例與食品有關。

或所在地直轄市主管機關申請檢驗登記，取得相關登記證後，才可進行。而飼料的包裝上也應清楚標示以下資料：一、製造或販賣業者的名稱及地址；二、類別、品名及商品名稱；三、成分；四、主要原料名稱；五、用途、使用方法及使用注意事項；六、淨重；七、製造或輸入登記證字號；八、製造、加工或分裝的年、月、日；九、其他經中央主管機關公告指定的標示事項。購買狗食時，若能留意包裝上是否完整標註以上資訊，將可為愛犬的安全做到基本把關。

肉類是唯一
對狗有益的食物

既然狗和其他犬科動物一樣，是肉食性動物，何不只餵狗上等鮮肉，就像牠們那只吃肉的野生遠親──野狼呢？

錯了！

你要瞭解

肉品對於狗而言並非營養完整的食物。沒錯，肉品就是包覆在骨骼之外的肌肉，也就是肉販口中所說的「上品」。

然而，當狼在享用其獵物時，絕不會只吃肉，牠們也會吃掉肌腱、內臟（心臟、肝臟等）、骨頭以及一部分的消化道內容物。

因為草食動物是野生肉食動物最主要的獵物，牠們的消化道內容物最常見的成分是草以及穀物，也就是說，狼在食用草食動物的同時，也補充了碳水化合物、維生素等營養成分，牠們的營養來源並非單純只有蛋白質而已。

再者，犬類經過一萬年的馴養以及與人類共同生活，飲食習慣已經大幅改變；牠們已不再像狼或貓那樣是完全的肉食動物，而且狗需要更多的蔬菜以及穀類。

蛋白質的其他來源

肉品並非犬類唯一的蛋白質來源，魚類以及蛋類也是重要來源。若干狗糧製造商也積極推出以黃豆製成、富含植物性蛋白質的乾狗糧。

該怎麼辦

若你不是給愛犬吃市售乾狗糧，而偏愛自備狗的餐食，請記得一定要選擇高品質的紅肉或白肉，例如：牛肉、雞肉等。

然後將肉與煮熟的綠色蔬菜攪拌均勻，因為蔬菜能夠提供纖維素、礦物質以及各種維生素。

也不要忘記添加穀類（米飯、玉米、麥類等）。穀類富含熱量，也必須要煮熟，否則你的愛犬將無法消化吸收其中的澱粉。

另外，為了適量補充礦物質（肉品所含的鈣質與磷對狗而言通常是不足的），可以加入少許食用油以及啤酒酵母。

例如：牛肉、魚肉、雞肉、雞蛋、牛肝、雞肝和牛奶等。一般而言，魚肉所含的蛋白質最豐富，應多給小狗食用。

經驗分享

並非所有肉品都有相同的營養價值，請慎選部位以及其來源。不要選用肉販推薦的「動物專用」肉品，因為這些肉品通常含有過多的脂肪以及不易消化的物質（如肌腱）。我比較喜歡富含各種營養素且通過衛生品管的狗糧，這樣才能讓狗吃出健康。

餵食乾狗糧時，
還必須添加肉品

在餵食乾狗糧時，看見一顆顆又乾又硬的飼料倒入愛犬食器的同時，你不禁想要再額外給愛犬吃點鮮肉，好讓牠高興高興。

最好不要這麼做！

你要瞭解

有許多飼主將乾狗糧視為小點心，或是餵食肉品時的添加物。

事實上，乾狗糧已經包含了狗兒日常所需的各種營養素，每種營養素都是根據牠們生理運作所需要的劑量而添加的。

在乾狗糧或是罐頭之外添加肉品是完全不必要的，一來是這些狗糧早已經包含肉類成分在內，二來是這樣會造成狗的營養不均衡；這好比你在吃飯時，前菜、主菜以及甜點吃的都是肉一般。

你知道嗎 ?

乾狗糧行銷手法：有些乾狗糧品牌會特別強調添加獨特的誘人配方。但不論其外觀如何，所有乾狗糧成分都是相同的，只有形狀（骨頭狀、小魚狀等）以及顏色有所差異而已！

該怎麼辦

如果你是餵食市售乾狗糧，就不必再額外添加任何食品，除非是獸醫建議。

對於挑食的狗，你可以在乾狗糧裡倒些溫水或是雞湯，以挑起牠們的食欲。

你也可以在乾狗糧中，添加一些濃縮肉汁、啤酒酵母或是少許乳酪絲，並且攪拌均勻（不要只是撒在乾狗糧上方），來刺激狗的胃口。

總而言之，請將乾狗糧當作狗的主食，並且儘量別再添加其他肉品。

幼犬的成長

在市售狗糧裡額外添加肉品，對於成長期間的幼犬而言是十分危險的。因為，肉品內的鈣以及磷含量不足，在狗食中添加肉品，將減少乾狗糧的攝取比例，而導致幼犬在成長期間發生佝僂症狀（骨骼脆弱，易斷、易變形）。

要在食器內放滿乾狗糧
以便狗能隨時取用

你經常急著出門或是很晚才回家，於是為了爭取時效，便在愛犬的食器內放滿乾狗糧，讓牠能夠隨時取用。

這個方法對於愛犬的心理平衡以及身體健康都有不良影響。

當心嚴重後果！

你要瞭解

營養成分完整的乾狗糧一出現，大大便利了飼主們的生活；狗主人再也不必耗時下廚烹煮食物或是仔細測量分量，因為乾狗糧已經全部包辦了！

避免讓狗意志消沈是時下最新潮流，特別是當飼主每天長時間不在家的時候；於是有些飼主會準備好乾狗糧，好讓狗可以隨時取用，但是卻忽略了其中的危機。最主要的危險就是肥胖；定時定量的飲食能夠讓狗維持正常的行為舉止。若是狗能夠隨時隨意取用乾狗糧，牠將會不斷吃下遠超過正常食量的狗糧，而且狗因為無聊也會吃得更多。

另外，讓狗能夠隨時用餐，等於賦予狗主導地位。在狗群裡，領導者總是隨自己心意進食，而且比其他成員優先食用，牠會慢慢享用食物；然後留下部分食物以便稍晚時繼續取用，同時牠也喜歡其他成員觀看自己進食。

該怎麼辦

每天只餵食你的愛犬一至二餐，餵食時間必須固定，餵食的食物也要固定，並用相同的餐具、在固定的安靜地點讓狗食用。在正餐之間不要給愛犬吃額外的食物，如果愛犬只是一點一點地食用，並且在半小時之後仍未能進食完畢，記得先將餐具撤掉，等到

> **經驗分享**
> 我建議你每天一定要在自己吃過飯後才餵狗，無論如何絕不能讓牠在餐桌下乞食。因為那其實是狗群領導者才會有的行為。

下一次進食時間再拿出來。進食時間由你決定，而不是由狗決定。

貓咪呢？

貓則是獨居動物，總是獨自狩獵，在日間及夜間需要多次進食，但每次的食量極小。因此養貓的飼主可以在貓咪的食器內放滿乾糧，以應付貓咪每日十至二十次的用餐習慣。就本能而言，犬類是集體狩獵的動物，每隔二十四至四十八小時就必須進食。

可以讓小狗吃貓食

你所飼養的貴賓犬非常挑食。好在你找到了解決方法──貓餅乾！

不管怎麼說，牠的體型牠遠不及大丹犬，而是與貓咪較相似，不是嗎？

這可是兩種不同的動物，所需要的營養也不同。

你要瞭解

獸醫總是說：「貓咪和小狗是不同的動物。」目的就在強調這兩種動物在行為模式醫藥和飲食需求等方面的差異。這句話是千真萬確的！

貓和狗都是肉食動物，但所需要的營養成分卻有所差異。對狗而言是營養完整的食物，對貓咪來說卻是動物性蛋白質與脂肪含量過多，且醣類與纖維素含量不足的食物。

狗若長期食用貓糧，將會導致嚴重的肥胖症狀、消化道問題（腹瀉以及便秘）或是營養不良。如果狗有心臟疾病或是腎功能障礙等問題，那麼後果將十分嚴重。總之，狗若嗜食貓糧會造成食量過度增加。

該怎麼辦

小型犬（約克夏、比雄犬、貴賓犬等）通常都十分嬌縱，但不能因為狗挑食，就餵牠們吃貓食！

要想矯正挑食問題，必須只在固定時刻才拿出狗的餐具。

另外，要是狗在半個鐘頭之內完全不碰狗食，記得先將狗食放進冰箱冷藏，等十二個鐘頭之後再拿出來餵食，這期間千萬別拿東西給狗吃。如此一來，因為飢餓感作祟，狗最終會將餐具內的狗食吃掉。

要讓你的愛犬擁有正確的飲食習慣，飼主本身也得擁有正確的認知和飼養態度。請別再因為擔心愛犬餓肚子，而縱容牠吃貓食了！

你知道嗎？

狗是「半肉食」動物：貓咪則是完全的肉食動物。狗因為長期受到人類這種雜食動物的影響，飲食習慣已經有所改變，成為「半肉食」動物了。

狗可以**吃巧克力**

　　你和愛犬已經養成飯後吃甜點的習慣。用餐完畢後，你會準備一杯咖啡以及兩小塊黑巧克力，一塊自己吃，另一塊給愛犬。小小犒賞愛犬應該沒什麼大礙吧……

巧克力對狗而言可是毒藥呀！

你要瞭解

　　巧克力對狗而言絕對不是無害的零食。巧克力的原料是可可豆，其主要成分為可可鹼和咖啡因，可可鹼（theobromine）是種生物鹼，也是一種神經系統刺激物，對於大多數動物而言是具有毒性的，若大量食用，將會導致胃潰瘍，並伴隨嘔吐及腹瀉；隨後是出血狀況，這將會嚴重刺激心臟、呼吸道以及中樞神經。接著狗會出現抽搐現象，並因為心跳及呼吸終止而死亡。

　　讓狗持續（每日）地少量食用巧克力，也同樣具有危險性，因為毒素會囤積在器官內，最後引起心臟疾病。

　　巧克力中毒最常發生在假日或假日後，常因主人不在家並且沒把巧克力收藏好，而被狗偷吃。小型犬承受中毒的劑量較低，巧克力對牠們而言危險性更高。

經驗分享

以下是可能引起危險的場合：年終聚會時在桌下傳遞巧克力糖、復活節時藏在院子裡的巧克力彩蛋、孩子們的點心時間等。

該怎麼辦

　　如果你的愛犬剛吃下了一盒巧克力，記得立刻讓牠喝下一點濃鹽水或是雙氧水，以便催吐，並讓牠排出大部分的有毒物質。但若發現狗已經昏迷，或已有痙攣、癲癇等症狀，便不可催吐，以免狗嗆到。接著緊急將狗送至動物醫院就醫。

　　巧克力中毒並沒有解毒劑可使用，清除器官內可可鹼的過程也十分緩慢，因此，必須將狗留置動物醫院接受觀察與密集照護二十四小時以上。治療方式是根據症狀和心電圖、血液電解質等檢查結果治療，如果醫院沒有心電圖監視器或沒有檢查血液電解質的設備，就應該換一家醫院。

各種不同巧克力的危險性

巧克力糖所含的可可鹼比例取決於可可粉含量的比例：牛奶巧克力大約只有黑巧克力的十分之一，白巧克力則完全不摻有可可粉。
一百公克的黑巧克力就足以讓小型犬（約克夏、貴賓犬等）致命，而二百公克則能夠毒死一隻拉布拉多犬。

　　可可鹼的半衰期為一七‧五個小時，中毒後二至三天為關鍵期，但即使狗能順利存活，肝和腎臟也會受損，因此應盡量避免讓你的愛犬吃到巧克力。

　　除了巧克力外，咖啡、藥物等會造成狗中毒的物品皆應收納妥當。

狗每日的食量
和牠的體重成正比

　　狗罐頭的標籤上寫著：「適合體重十公斤的狗一次食用量」。於是你很快就計算出結果；你的愛犬將近三十公斤，所以牠每天正好得吃三罐。

你確定這樣正確嗎？

你要瞭解

　　成犬的體重以及體型會影響其飲食需求，但是兩者關係並非成等比！相反地，狗對於熱量（由澱粉類和油脂類提供）的需求是和體重成反比的。

　　也就是說，一隻大型犬一餐所應攝取的熱量與體重的比例要比小型犬來得低；對於蛋白質、礦物質以及維生素的需求比例也是如此。

　　食量多寡也不是和體重成正比，因為大型犬雖然體重較重，但是牠們的消化道就比例而言比小型犬短。因此，大型犬經常因為過食而有消化與吸收不良的問題。

　　除了量的問題，飼料的質也很重要；即使食量一樣，但食物不易消化，攝入的熱量也會減少。

經驗分享

為了預防常發生於大型犬的胃部擴張等致命危險，每天只要餵食兩餐，記得必須要讓狗安靜地進食，千萬不要在狗用餐後隨即和牠玩耍。一旦發現你的愛犬腹部有輕微腫脹，請立即聯繫獸醫。

該怎麼辦

　　大型犬的食物必須非常容易消化，並且應含有豐富的熱量，以限制狗的進食量。

　　避免給大型犬吃針對各種犬隻所準備的「標準」狗糧，盡量餵食專門針對大型犬所配方的乾狗糧。這類乾狗糧的營養配方是根據大型犬隻的生理、肌肉骨骼以及營養需求特別調製而成。

　　有些乾狗糧的顆粒形狀甚至是依照大型犬的雙顎以及牙齒設計的，以便狗兒易於入口並且延長咀嚼時間。

對狗而言，
主人自備的餐點最理想

你總認為愛犬唯有吃你自己準備的食物，才算是吃得好，因為牠在吃了某些罐頭或是乾狗糧之後會顯得不舒服。

要慎選市售狗糧。

你要瞭解

儘管針對肉食動物專門配方的食品以及對動物營養需求的知識不斷進步，仍然有許多狗以及貓咪吃著所謂的手工自製食品，也就是飼主自行調配的食物。

飼主此一保守態度首先說明了自行準備餐點這件事成了一種儀式，讓飼主對自己有了一個正面印象——他們正如照顧自己子女

每隻狗都是獨一無二的

每一隻狗對於營養（蛋白質、脂肪、醣類、礦物質、維生素等）的需求在質量與數量上，都根據其體型、體重、年齡、活動、生理狀況（懷孕、哺乳）、健康狀況等而有所差異。為狗準備食物時，這些狀況都必須考量在內。

般照顧著寵物。

其次，很多人並非完全信任乾狗糧或罐頭食品內的成分與材料來源。

有些人甚至認為狗食中摻了猴肉以及其他非食用用途的肉類！然而，專門為各種狗量身調製的配方食品對狗而言其實是最營養的。

該怎麼辦

既然你並非營養專家，也不是獸醫，最好為狗選用市售的優良配方食品，這些食品在成分標示以及品質方面都有一定的保證。

科學家們以及寵物食品製造大廠如今都非常了解狗的需求，並且非重注重食物的品質與營養均衡。

市售狗糧所含的肉品材料來源和你熟悉的肉販所販賣的內臟來源相同。

不同於自家準備的餐點，市售罐頭與乾狗糧不須額外添加副食品，因為這類狗糧已含有豐富的礦物質、維生素、微量元素以及必需脂肪酸。

糖會導致狗失明

　　你知道糖是狗的大敵，因此你總是避免讓愛犬舔食你喝咖啡時所添加的方糖，以維護愛犬的視力。但是這種甜食究竟是如何導致狗失明的呢？

糖不會直接導致狗失明。

你要瞭解

　　一小塊糖並不會造成狗失明，這個廣為流傳的錯誤觀念，其實只是事實真相的一部分。

　　事實上，經常讓狗吃糖，確實會導致狗肥胖，甚至罹患糖尿病。

　　然而，狗罹患糖尿病的的初期病徵之一很快就會出現（從數天至數週），即雙眼白內障；狗的雙眼會變成白色，因為水晶體完全白化，會致使視力退化，甚至於完全喪失。

　　也就是說，糖不是「直接」導致狗失明，而是會引發糖尿病，進而併發視力喪失的症狀。

你知道嗎 ?

另一個常見的錯誤觀念：有人認為不讓狗吃糖會令牠流淚！其實是因禁止狗吃糖才會令牠想哭，或者是令牠低聲嗚咽，看起來悶悶不樂。

該怎麼辦

　　千萬不要餵你的愛犬吃甜食，包括：糖、糖果、巧克力，也包含甜中帶鹹的餅乾、冰淇淋、各類糕點等。每天餵食約克夏一塊餅乾也會和讓牠每天吃糖一樣造成傷害，因為餅乾會立即轉化成為脂肪，並導致血糖過高，長期下來成為狗的健康殺手，同時是引起糖尿病的因素之一。

　　狗對於甜食的愛好完全是在成長期時培養出來的。如果你在這個時期裡未曾給牠含有糖分的食品，牠長大後就不會對甜味有任何興趣。

經驗分享

當愛犬飲水量大增時，你就要當心了。除了視力衰退之外，糖尿病常出現的病徵還包括：飲水量異常大增、食慾增加、頻尿。這時千萬要帶牠去驗血。

狗應當

一週禁食一日

奉行此常見信念的人們聲稱，禁食有益狗的健康，牠們將會因此顯得更有活力，而且也不會過重。

當心後果！

你要瞭解

每週強迫狗禁食一次，這點沒有任何的醫療或是營養根據。這個廣泛流傳的觀念最早的起源也許是……宗教信條！

與此觀念恰恰相反，為了狗的健康著想，應當讓牠們每日在固定的時間，根據需求，享用營養均衡的餐點。

狗和人類不同，當牠們錯過一餐時不太會出現低血糖的狀況，但這並不足以成為讓狗常態禁食的理由！

每週禁食也不是瘦身的良方，更非如同許多飼主言之鑿鑿的那樣，是狗在參加某一運動、狩獵或是任務之前，提高活力的方式。

麻醉之前，必須禁食！

在進行外科手術的前一晚，狗必須遵守禁食規定，以免在麻醉時發生嚴重意外。

該怎麼辦

假如狗必須參與一項耐力活動，可以在牠參加活動前的三、四小時餵食分量較少的餐點，等到晚上，再讓牠靜靜地吃完剩餘的一日進食量。記得讓牠在運動前後以及期間多喝水。

即便是太過肥胖而必須瘦身的狗也必須每日進食；狗和我們人類一樣，進食是享受生命的一部分。

可以在獸醫的指示之下，讓狗吃低熱量的餐點，並且讓牠在即將達到成年體重時逐漸養成運動的習慣。

經驗分享

遇到動物嘔吐，我總是會讓牠禁食。此時的禁食必須全面，不給吃，也不給喝，並持續十多個鐘頭。在進行治療的同時，只要狗不再嘔吐，就可以慢慢地讓牠恢復進食。

若狗會吃自己的排泄物，
通常是營養不良

　　在你眼中，你那十月大、活力充沛的年幼愛犬擁有一切的優點，是獨一無二的好夥伴。但是牠有一項令人生氣的習慣——牠會吃掉自己的糞便，偶爾甚至會吃掉其他狗的糞便。這表示必須為狗補充維生素嗎？

　　不必！

你要瞭解

　　營養不良和吃糞便（食糞症）之間的直接關係從來不曾在犬類身上發現。此外，補充維生素或是礦物質通常無法改變此一行為。狗吃糞便的行為一直到三、四個月大的時候都算是正常現象。超過這個時期，若是吃糞便的行為依然持續，就必須趕快找出醫學上或是行為上的原因。

　　事實上，假如狗對食物的消化與吸收能力不好時（因腸道受

寄生蟲感染、胰島素分泌不足、食物不適當或是過食），在排泄物裡就會存留食物的氣味，並引起狗的食慾。

　　但是，食糞症通常是錯誤的教育方式所引起的。幼犬若曾經在你外出時，在家裡隨處大小便，而遭受處罰，這樣的經驗會令牠將你的憤怒跟糞便聯想在一起，於是促使牠在事後為了煙滅引起事端的證據，而養成了吃糞便的行為，並持續到成年。

該怎麼辦

　　完整的醫學檢查有助於找出能夠解釋食糞行為的病理因素。一旦找出病理上的原因，就應當立即更換狗的食物，轉而餵食能夠讓牠「高度消化」的食物，以改變糞便的硬度以及氣味。

你知道嗎？

乾淨的狗窩：母犬會在幼犬出生後最初的三至四週裡，吃掉幼犬所排出的糞便，以便保持狗窩裡的乾淨。這是牠們的自然本能，該行為能夠讓牠們在野外時減少暴露在掠食者面前的危險。

經驗分享

在城市裡遛狗，須隨手清理狗的排泄物時，千萬不要對市政府的清潔政策發怒。否則，周為了避免你生氣，最後竟會自行吞下排泄物。

　　接著，在糞便裡加入會令狗討厭的氣味（如芥末、胡椒、辣椒等）。

　　你也可以在狗的幼犬時期就預防該行為的養成，即避免在幼犬面前蹲下撿拾糞便，因為牠可能會誤以為這是一種遊戲，而搶在你之前吞掉糞便！

狗所吃的食物**要經常變化**

就像到餐廳用餐一樣，你每日總是細心地為愛犬更換菜單，除了日常親自下廚料理的數種餐點，你還準備了牠最愛吃的名牌乾狗糧以及罐頭。

你沒必要這樣做！

你要瞭解

和人類不同，狗不須經常變換菜單。不太有人知道這條犬科營養的金科玉律，因為對我們而言，一成不變的食物等同於單調的食物。其實，健康的狗即使每天吃一樣的食物，也不會厭倦。如果因為狗沒有食欲，就給牠吃好吃的東西，反而會使牠放棄原來的食物，造成偏食。

另外，狗是肉食動物，而非雜食動物。在牠們腸道內負責消化作用的微生菌群，對於食物特性的依存度非常高，所以狗和人類不同，牠們通常不太能適應食物變換。改變食物內容常會造成狗產生體內毒素，並且常會因腹瀉或是脹氣而放屁。

總之，就行為觀點而言，狗總是對相同的食物感到滿足，當然前提是他們總是在固定時刻於安靜的地點進食，而且沒有競爭者與牠們搶食。

根據狗的種種需求而調整食物

在狗的一生中有若干時段必須調整飲食內容，包括：斷奶期、成長期、懷孕期、哺乳期、年老期以及生病時。另外，參加運動競賽時，狗的飲食也必須做調整。

該怎麼辦

如果你想為愛犬的飲食做點改變，請先觀察一至二週。這期間可以先將一部分平常

吃的食物換成新的，接著逐日提高新食物的比例，直到完全更新為止。

請向你的獸醫詢問是否必須幫愛犬補充腸道益菌，這種乳酸發酵菌能夠促進腸道消化菌的生長，並且經常在更換狗的食物、幼犬斷奶或是狗因食物引起消化不良時被推薦使用。

經驗分享

千萬不要因為推出新產品或是因為商店促銷，就更換狗糧的品牌。萬不得已時，你可以在同系列的產品之中選擇成分相近的狗糧。

狗身形豐滿
代表健康情況良好

你的拉布拉多犬總是食欲旺盛，此外，牠從不挑食，而且總是吃不飽的樣子。牠現在看起來已經有點微胖，但是你不以為意，因為這代表餐點好吃。

你的愛犬可能已經病了！

你要瞭解

在法國，有越來越多的狗有肥胖症或是單純的體重過重等問題，原因在於飼主們通常都不瞭解狗在飲食方面的真正需求，以及體重過重對狗的健康所造成的種種嚴重後果。此外，也有飼主認為狗的體態豐滿象徵著自己對牠的關愛；讓狗吃得好，代表自己照顧周到。

然而，狗的體重過重容易引發疾病，像是糖尿病、心臟呼吸道負荷過大、關節病變，也會縮短狗的壽命。狗將變得不愛玩

要、容易喘氣、大部分時間都趴在地上，因活動量減少狗就變得更肥胖！

該怎麼辦

觸摸狗胸部兩側的肋骨部位，如果感覺到你的手指與狗的肋骨之間有一層明顯的脂肪時，代表狗已經過胖了。你可以進一步驗證其肥胖狀況——確認肋骨後方原本應凹陷的腹部曲線是否已經呈現下垂。

在尾巴根部以及髖部出現的脂肪突起是

狗過於豐腴的最後一個表徵。

狗的瘦身食譜不能夠隨便設計，你的獸醫是最好的營養顧問，他會和你一起制定出適當的餵食量，列出禁止餵食的食物（甜食、蛋糕等）、每個月應達成的目標以及適當的運動量！減重應當是循序漸進的（至少以三至四個月為基準）；記得每十五天要記錄狗的體重，並且畫出曲線圖，以便掌握狗的體重變化。

最後，為了避免挑起狗的食欲，記得讓狗遠離廚房以及餐桌，也要避免讓牠和其他狗一起進食。

你知道嗎？

測量肥胖程度：一旦狗的體重超過理想體重百分之十五至二十時，就可視為肥胖，例如：法蘭西獵犬（Epagneul）正常的體重大約是十二公斤，超過十三公斤即視為豐腴，十五公斤即算是肥胖！

如果狗的小便量多，
就必須限制其飲水量

近來，你那頭上了年紀的愛犬變得越來越令人難以忍受；動不動就要求出門排尿，並經常「忘記」在夜裡忍住尿意。為了求得安寧，你索性在夜間收起狗的水盆。

要是你的做法錯了呢？

你要瞭解

如果你的愛犬小便次數比平時多，這表示牠喝水的量比平常多。如果牠飲水量增加，卻沒有合理的原因（食物過乾、天氣炎熱、運動量增加、乳酸菌作用），就表示狗生病了。

嚴重口渴（飲水量於短期內不正常增加）是糖尿病的初期症狀之一，同時也是腎臟或肝臟疾病的病徵之一，或是受細菌感染（子宮發炎）、荷爾蒙異常（例如：庫欣氏症）等原因造成。

在上述的症狀裡，嚴重口渴總是伴隨頻尿（排尿量增加）現象，在這些情況下若一味地限制狗喝水，很快就會導致狗嚴重脫水，令牠的生命陷入危機。

礦泉水或是自來水？

清涼的自來水對於狗而言再好不過了，每日記得更換水盆的水一至二次。將礦泉水留著服藥、為幼犬沖泡牛奶或是狗生病時使用。

該怎麼辦

請計算狗的每日飲水量。依照狗的體重，每公斤體重飲水量超過一百毫升（正常為二十至六十毫升）便視為異常。

如果食物中的含水量較高（如湯、狗食罐頭、綠色蔬菜等食物），則不必超過上述數值即可視為異常。

在此狀況下，請帶著空腹的狗到動物醫院就診，以便接受完整的檢查（驗血、驗尿），並做出病因診斷（糖尿病、脫水等）。

狗若尿量增多，可能是罹患糖尿病、脫水、副腎皮質機能亢進症、尿崩症、甲狀腺機能亢進症、腎上腺皮質機能亢進症、心理性多飲多尿、子宮蓄膿症等疾病。

監控飲水量對於年老的犬隻而言是十分重要的，因為這些狗常常必須忍受腎臟慢性病變引起的腎臟功能喪失。

而腎臟擔負著淨化體內器官、清除體內廢棄物的功能，嚴重口渴以及頻尿等都是腎功能病變的重要症狀。

經驗分享

一些藥物也可能導致狗的飲水量大增，但不會引起不良後果，包括：腎上腺素、利尿劑、黃體素（退燒「注射針劑」）以及若干抗生素。再次強調，千萬不要限制狗的飲水量。

懷孕中的母犬
應當多吃一點

你所飼養的母犬正在待產，而這是牠頭一次懷孕，因此你對狗的照顧可謂無微不至；你任牠隨時取用乾狗糧，並隨時讓牠補充乳酪、鈣片、維生素……

當心過量了！

你要瞭解

一般人常認爲懷孕婦女擁有二人分的食量，若是將這個原理套到懷孕中的母犬身上，那麼在牠二個月的懷孕期當中，食量就必須增加二至十倍之多！

母犬的食量通常會在懷孕第三週增加，然而，從此時開始爲牠的餐點增量卻是不正確的，因爲此時胎兒還太過孱弱而無法吸收過多的養分，於是反而造成母犬儲存過多的脂肪。這些脂肪將會堆積在產道附近，進而影響生產。

另一個常見的錯誤做法則是以牛奶或是藥物的形式，爲母犬補充鈣質；補充過多鈣質容易造成母犬在生產過程中或是哺乳時發生痙攣現象。

最後，缺乏醫師處方而胡亂補充維生素也是十分危險的；懷孕的母犬對於過量的維生素A以及維生素D非常敏感，這兩種維生素都會導致胎兒畸形，並造成死胎。

該怎麼辦

不要貿然增加懷孕母犬的餵食量，直到第五週起，才可以每週增加百分之十的分量。餐點宜以高熱量、高蛋白、容易消化的食物爲主。

盡量餵食乾狗糧，因爲乾狗糧不會像罐頭食品或肉排那樣佔胃部空間並將胃撐大，而且此時胃部空間正因爲母犬懷孕撐開的子宮而壓縮了。記得每日只餵食二餐，並且不要在二餐之間讓狗吃東西。

從懷孕末期開始（胎兒骨骼發展期）至整個哺乳期間，都要爲母犬補充礦物質（鈣以及磷）。

食欲不振

母犬大約在懷孕期第五週的時候，常會出現食欲不振的狀況；繁殖業者非常清楚會有這種情形發生，因此會在配種之後計算日數，以便有所因應。

餵食紅肉容易
讓狗起溼疹

你的愛犬不斷地抓癢並且掉了許多毛，皮膚上露出許多滲著體液的紅斑。你將這個現象歸咎於食物，於是決定往後只餵食魚肉製成的乾狗糧。

這真的是食物所引起的過敏嗎？

你要瞭解

長久以來，紅肉（或是其中所蘊含的血液）一直被汙名化，並被認為會導致許多不良後果，例如：常有人認為狗之所以具有攻擊性，都是紅肉惹的禍，因為紅肉令狗愛上血的滋味。除此之外，紅肉也會引發溼疹，換句話說就是會令狗的皮膚發紅！其實，溼疹與紅肉之間的確有部分關聯。

溼疹的特徵是發癢、脫毛以及皮膚病變。溼疹對狗而言並非特定的病理名稱，而是數種皮膚疾病的統稱，其中也包括食物過敏。

然而，在法國最常被指控的食物不僅是牛肉，還有其他肉類（包括白肉）、乳製品、蛋類、魚類、米食以及食品添加物，如果狗的溼疹是因為食物過敏引起的，在更換食物之後，症狀就會改善了。

該怎麼辦

如果你的愛犬患了溼疹，獸醫會根據症狀予以處方，緩和其搔癢的程度。同時也會試著找出造成溼疹的原因。在摒除皮膚寄生蟲、跳蚤唾液以及感染等因素之後，獸醫會朝向食物過敏的方向診斷。

對於食物過敏，至今尚未有任何特別有效的診斷方式，目前唯一用來找出過敏原的方法，是讓狗吃以前從來沒有吃過或是很少吃的東西，然後耐心等待。

在篩檢期間如果沒有發現任何引起狗身體變化的食物，溼疹狀況通常也會在二至十週之內有所改善。

該特殊飲食可以自行在家裡準備，或是以獸醫的「低過敏」特殊營養配方食品餵食。

經驗分享

若狗長期抓癢，我通常會將魚肉排除在餐點之外。除了因為魚肉可能是過敏原之外，魚肉中所含的「類組織胺（histamine-like）」成分，也會造成皮膚發熱，進而使溼疹的狀況惡化。

狗在冬季時
應當多吃一點

　　天氣開始轉冷之後，你便開始為愛犬增加餐點的分量，好讓牠能夠儲存能量以禦寒冬，因為野生動物也都是在秋天時開始儲存食物，以備過冬之需。

**　　你的愛犬可不是一隻旱獺呀！**

你要瞭解

　　一到春季時，充斥在女性雜誌裡的瘦身餐，已不再是女性們的專利了！冬季過後，狗也要開始減重，因為牠們在冬天時吃太多了；飼主們總認為光給愛犬穿上外套以及靴子是不夠的，還得讓牠們多吃一點才能抵禦寒冷。其實，過胖的動物並不見得能夠禦寒，甚至會更怕寒冷。

　　對於狗而言，在冬季時較為茂密的毛就像是外套了。狗（沒穿外套的狀況下）比人

類還能夠禦寒，而且牠所消耗的熱量並不會比夏天時還多，因為冬季時戶外活動縮減許多（散步時間因為天候不佳而縮短了），而牠大部分的時間都窩在溫暖的家裡睡覺，因此隨時有發胖的可能！

該怎麼辦

　　別在冬季時增加愛犬餐點的分量，以下狀況則不在此限：活動量大（如雪橇狗等）或是營養不良的狗，在這些狀況下可以為狗增加百分之十五至二十的餵食量。

　　如果你的愛犬習慣整年都待在戶外，那麼牠就能夠安然在戶外過冬，只須為牠準備一個能夠擋風防潮的遮蔽處，並且在不會結霜的地方放一碗飲用水。

　　小型犬（約克夏、吉娃娃）、短毛犬以及體態纖細的犬種（格雷伊獵犬、俄國牧羊犬、惠比特犬等）對於低溫都比較敏感，如果你的愛犬屬於這些犬種，就必須為牠們添加外套，以免他們「打冷顫」。

你知道嗎？

長毛狗禦寒能力強：長毛狗比短毛狗擁有更好的保暖能力，千萬不要在冬季來臨之前為長毛犬剪毛！

偶爾餵狗吃點零嘴，
好讓牠高興一下

每當愛犬伸出前腳，並用可憐的神情看著你時，你總會覺得於心不忍。於是你會給牠一小片餅乾或是一小口乳酪，而此時狗看似很幸福。

一旦養成習慣，將對愛犬健康造成威脅！

你要瞭解

狗的零嘴市場不斷擴張，因為需求量十分大；許多飼主都認為，偶爾給他們的寵物一點小零嘴，是一種愛的表現。

事實上，狗更喜歡人家多關注牠，帶牠外出散步，並和牠玩耍。很快地，討食零嘴會變成狗的一種習慣，甚至於行為模式（有行動就有獎賞），而單純的撫摸將再也滿足不了牠。

然而，這些一口就可吞下的零嘴，通常過甜且含有過多油脂；這類零嘴將會導致狗飲食不均衡，並造成肥胖。你以為的愛的表現，事實上卻損害了狗的健康。

該怎麼辦

只有在特殊時刻才能讓狗吃零嘴（一天最多只能吃一至二次），而且只能當作狗表現優良時的獎賞。

給零嘴不能變成一種常態（例如：不能每次散步完回到家時就給狗零食吃），只能當成狗的意外之喜。

避免讓狗吃甜食（方糖、巧克力、餅乾、蛋糕等）、香腸塊、火腿的油脂部份、骨頭，你的愛犬可不是餿水桶啊！可讓狗吃點乳酪、水果、酵母片以及低熱量的零嘴。

經驗分享

我建議可以每日讓愛犬食用「潔牙零嘴」，這類產品有骨頭狀、棒狀、片狀等形狀。狗在咀嚼這類零食的過程中會產生化學變化（釋放酵素或是殺菌成分）。

蛋白質會加重
狗的腎臟負擔

你的愛犬日漸衰老，身為飼主的你便決定減少每日供給牠的肉食分量，以便降低腎臟的負擔。大家不是常說，過多的動物性蛋白質會導致腎功能衰退嗎？

錯！

你要瞭解

十多年來，獸醫界認為含有豐富蛋白質的飲食會影響腎功能的運作，因此建議給年老的犬隻食用蛋白質含量低的食物，以避免狗罹患腎臟疾病。這是專家們從老鼠身上進行的實驗所得到的研究結果。

不過，在囓齒動物身上所作的實驗，不能夠完全套用在肉食動物身上。

後來在犬隻身上所作的實驗顯示，蛋白質對於腎功能病變的發生或是惡化並沒有任何影響。相反地，狗若長期食用蛋白質含量不足的食物，會導致肌肉萎縮、皮膚病變、免疫力缺乏、食欲不振等等高齡犬的常見疾病。

你知道嗎？

「肉類的熱量太高了！」：這之中又包含一個錯誤觀念！大部分的人誤以為肉類的熱量來源是蛋白質，其實是來自於脂肪。油脂所含的熱量是蛋白質的兩倍之多。

該怎麼辦

正常發育的幼犬，每日所需的蛋白質為每公斤八至九公克，而高齡犬的健康情況如果依然良好，建議餵食與成犬飼料的蛋白質含量相同的食物，不要減少其肉類的分量，

經驗分享

唯有在狗罹患腎臟疾病時，我才會減少食物中的蛋白質含量。在這種情況下，我建議餵食專門為腎功能不足犬隻調製的食品，這類食品能夠緩和症狀，同時提供犬隻必需的養分。

同時避免讓牠吃病犬專用的「低蛋白質食品」。但狗若有肥胖問題，便須改吃低蛋白、低脂肪的餐點。

此外，多讓狗吃高品質的蛋白質，也就是容易消化、吸收、代謝，並含有大量必需胺基酸的蛋白質，這些食物包括：白肉、含脂量低的魚肉、蛋類、優酪等。

而最方便的方式就是選擇專門為高齡犬調配的高品質狗糧產品，這類市售食品皆富含上述的優質蛋白質。

橄欖油等養生食品
有益狗的健康

狗的健康也和飲食內容息息相關！你對待愛犬就像對待自己一樣，總是挑選最好的產品：優質的白肉、新鮮水果、各式穀類以及首次冷榨萃取的橄欖油等。

養生食品並不適合狗！

你要瞭解

以橄欖油為主要成分的養生食品近來因為其對健康的益處，而蔚為風潮。於是你也想讓愛犬一起享用。

橄欖油的好處最主要來自其所含的豐富不飽和脂肪酸，能夠降低人類血液中壞膽固醇（LDL）的比率，並提高好膽固醇（HDL）的比率。

然而，狗並不像人類一樣容易發生心血管疾病，牠們對於膽固醇過高並不太敏感。相反地，狗必須從油脂當中取得足夠的各種必需脂肪酸，這些脂肪酸是代謝過程中不可或缺的，也無法由器官自行合成，包括：亞麻油酸（omega-6）以及相對來說不那麼重要的深海魚油酸（omega-3）。而研究顯示，橄欖油對於這兩種脂肪酸的含量相對較低（各只有百分之九以及零）。

該怎麼辦

如果你在家自行為愛犬準備食物，可以讓牠補充：

- 富含亞麻油酸的植物油（玉米油、葵花油、葡萄籽油），並且每週補充一次含有omega-3的魚油。
- 同時富含omega-6以及omega-3的植物油（大豆油、油菜油、核桃油）。

如果你是餵食市售狗食，就不必再讓狗補充任何東西，因為這類產品已含均衡的各類必需脂肪酸。

經驗分享

面對患有皮膚病變（脫毛、毛皮乾澀、發癢等）、年老、患有糖尿病或肝臟疾病等問題的犬隻，我會建議讓牠們補充以omega-6（月見草或琉璃苣的萃取油中富含）以及／或omega-3（深海魚油中富含）為主的必需脂肪酸。

準備食物時的建議

食用油保存不當會造成氧化，烹煮過程則會破壞油中的部分必需脂肪酸與維生素。為了讓油品完整保存其營養成分，我建議不要將油加熱，而是直接淋在狗的餐具內，但也不要讓油與空氣接觸太久。

第四章

繁殖

母犬一生至少要懷孕過一次

你所飼養的母犬剛剛開始第一次發情,於是你開始思索愛犬未來的生育能力。即便你從沒想過要當個繁殖業者,但是否該讓愛犬至少懷孕一次?懷孕是否在生理或是心理上都對愛犬的健康有益?

懷孕對母犬的健康無益!

你要瞭解

儘管獸醫們再三勸諫,但這個錯誤觀念卻不易從人們的腦海移除且仍舊廣為流傳。

這個錯誤觀念造成每年難以估計的動物被棄養;事實上,很難為每一隻幼犬都找到飼主,也很難確保每個飼養家庭都很嚴謹。

會認為母犬有「育兒」欲望,所以應該讓母犬實現願望,這其實完全是人類行為模式的想法。

這所謂的「母性本能」只有當母犬產下幼犬時才能夠成立,如果母犬從未懷孕,就沒有所謂的母性本能。

懷孕有益母犬健康的說法也完全不具備醫學根據。

懷孕、生產、哺乳等,會引發身體、荷爾蒙、代謝以及行為等各方面的變化,有時母犬甚至不容易承受這些改變。

經驗分享

我不建議讓母犬長期使用避孕劑,不論是注射或是更糟糕的口服方式。這些藥劑不但會延遲母犬的發情期,而且會提高子宮發炎以及不孕症的危險。這些藥劑的使用只限於特定狀況,而且一定要經過獸醫處方。

該怎麼辦

如果你的愛犬不是純種冠軍母犬,建議你大可以讓牠接受結紮手術。此一摘除卵巢(有時會連子宮一併摘除)的外科手術有許多優點;手術後,母犬將不再有發情期,可減輕因懷孕而精神暴躁、生殖器官發炎(子宮發炎)等潛在危險,並降低乳房腫塊發生的可能性。

一旦動過結紮手術,母犬將不會再因為發情期以及懷孕的荷爾蒙變化,而感到情緒起伏。

必須讓公犬
保持性慾

你飼養的公犬自青少年時期開始，一旦嗅到發情中的母犬，便會表現出性衝動。但是你一直拒絕聽從獸醫的建議，不願意讓狗結紮；你認為應該讓公犬保持性慾。

真是怪想法！

你要瞭解

奇怪的是，目前大家對於為公犬結紮的接受度遠不如為母犬結紮的。人類文化的薰陶經常令我們難以接受此類切除手術，而這又是另一個人類的思考模式。一隻絕育的公犬並不會因此感到自卑，也不會發現自己的外觀有何不同，因為牠並不會思考！

讓所飼養的公犬接受結紮這件事關乎公民道德，因為這有助於解決狗滿為患的問題。此外，該手術對於狗的健康也有許多優點；一隻公犬若是無法靠近牠「心儀」的母犬，那將是一件多麼悲傷的事情啊！公犬會為此嗚咽、

鳴叫並且食慾不振。假使公犬為此蹺家，牠很可能會發生意外或和其他競爭者拼鬥。

而就醫學觀點而言，為公犬絕育能夠避免睪丸癌的發生，雖然犬類不常罹患睪丸癌，但一發生情況就非常嚴重。絕育也能夠避免常見的前列腺問題。

> **你知道嗎？**
>
> **還有改善空間！**目前每四隻公貓就有三隻接受過絕育手術，卻只有四分之一的公犬接受結紮！

隱睪症

一旦發現狗罹患隱睪症（睪丸未下降到陰囊裡），便須及早進行絕育手術。拖到五歲之後，患了隱睪症的公犬罹患睪丸癌的機率將會比正常成犬高出一百倍。

該怎麼辦

自公犬六個月大起，隨時都可以為牠進行結紮。狗兒進行這項簡單而迅速的手術後只須留院觀察一天。

接下來，只要留意絕育後公犬的體重以及飲食；食慾原本就好的公犬將更容易發胖，因為目前已知接受過絕育手術的公犬消耗的熱量較少。只須給狗吃低脂餐點，並且禁止所有零食。

絕育的公犬
攻擊性較低

你認為絕育手術能夠一舉解決公犬任性、性格異常、暴躁、不服從命令以及具攻擊性等問題。

絕育手術無法解決此類問題。

你要瞭解

一直以來，完整的雄性（種馬、公牛、雄雞）一直和強勢劃上等號，例如：好鬥、易怒、佔有欲強、性格強悍等，以致於只要是雄性不受歡迎的舉動，都被視為是荷爾蒙作祟。

雄性荷爾蒙（睪酮素以及雄性激素）對於公犬有一定程度的影響，但並不能夠決定公犬的一生！公犬的攻擊性很少是因為荷爾蒙所引發的，與基因很少決定公犬攻擊性的道理相同。公犬會帶有攻擊性的原因有很多，主要還是出自於行為，而不是荷爾蒙或是醫藥所引起的。

不過，結紮手術的確有穩定公犬性格的作用。然而，若是狗所接受的訓練不完整，並導致行為偏差，那麼手術並不會對其性格產生任何正面影響。

該怎麼辦

如果你飼養的公犬在外出散步時經常會攻擊其他公犬而放過母犬，又或者牠經常會在母犬發情期間蹺家，那麼絕育就可能會是個理想的解決方案。

至於其他攻擊行為或是行為偏差問題，就必須求助於研究動物行為學的獸醫。專家將會為你找出問題的癥結所在，並且會針對飼養心態以及若干教育訓練重點提供建議。公犬的攻擊性是不能順其自然發展的，這是一種危險行為。在一切都還來得及的時候，趕緊著手預防吧！

你知道嗎？

法國法律怎麼說？ 自一九九九年起，鑑於若干具有潛在性危險的犬種，如：拳師狗以及類似犬種的公犬都被強制接受絕育手術。然而，此一帶有歧視性的決策根本無法解決危險犬隻的問題，最大的癥結還是在於飼主！

結紮手術
會導致狗發胖

儘管結紮手術具有結束發情期等優點，你仍然為是否讓愛犬接受手術而猶豫不決。因為常有人說結紮手術將使愛犬發胖。此外，你鄰居所飼養的一頭母犬自從接受手術之後，已經肥胖許多。

這倒底是真的還是假的？

你要瞭解

每當和獸醫談及為公犬或是母犬進行結紮手術時，這個疑問總是會一再地被提出來討論。人們將公雞絕育不正是為了要將牠養成一隻肥美的肉雞嗎？將公牛絕育，不就是為了要將牠養成一頭肥碩的肉牛嗎？結紮手術確實會令狗發胖，但不代表會讓狗變得肥胖無比。

如今我們已經知道，接受過結紮手術的動物其代謝能力會比一般正常動物差；接受

> **經驗分享**
> 假使狗的體型略顯豐滿，我不建議立即為牠進行結紮手術。因為狗在手術之後將更難瘦身，我建議讓狗在預備接受手術之前數個月，先進行瘦身。

該怎麼辦

列出狗平日的飲食清單，並且應當預先考慮狗手術後該縮減的餐量。有時只須將正餐之間的零食取消，即可讓狗維持體態。

請和獸醫一同討論愛犬的飲食計畫，從計畫中你將能得知是否必須縮減愛犬的餐量，或是改變飲食內容，而完全以「低卡」餐點取代。這種特殊飲食的好處是，能夠讓你的愛犬不會有飢餓感。

請帶你的愛犬一同去運動；你可以逐漸

過手術的動物因為缺乏性荷爾蒙的刺激，同時因為身體活動大幅減少，所以消耗的熱量銳減。此外，也有人注意到結紮過的狗較不易有飽足感，因為性荷爾蒙能控制食欲。餵食時若沒有將絕育的狗熱量消耗減少的因素考慮進去，狗很容易就會累積過多的熱量。

將結紮手術和肥胖劃上等號實在是不必要的，肥胖是一種疾病，造成肥胖主要是行為、營養等因素綜合的結果，有時也有醫藥因素在內。結紮手術是一種有利因素，但不是絕對的因素。除此之外，大多數肥胖的狗並未接受結紮手術。

增加散步的時間和距離、幫愛犬報名訓練營，或者和牠一起慢跑、玩飛盤等。如此一來，還可增進你和愛犬的親密度。所以，不必因擔心狗發胖而不讓牠進行結紮手術。

未受孕的母犬發生假性懷孕，
是因為想當媽媽

母犬在每年二次的發情期之後，總會出現以下相同的狀況：變得暴躁易怒、喜愛佈置狗窩、照顧自己的絨毛娃娃，並出現乳房脹大的現象。你認為這是狗想要當媽媽的表現。

多奇怪的想法！

你要瞭解

當你見到愛犬並未受孕卻表現出各種懷孕症狀，便以為牠希望當媽媽，這種想法實在是過於杞人憂天了。

事實上，每兩隻母犬當中就有一隻，會在一生之中出現至少一次懷孕期的神經質現象。為了這個原因而讓母犬懷孕，實在是沒有必要。

就生理觀點而言，母犬只是在發情期後因為荷爾蒙變化，而出現近似懷孕的狀況。而母犬的乳房也因催乳激素（一種刺激乳汁分泌的荷爾蒙）的刺激，而變得敏感許多。

就行為觀點而言，可以拿狼群來解釋母犬的假性懷孕現象。其實，在狼群裡只有具領導權的母狼可以繁殖。但是在狼窩裡，其他受領導的母狼也會在首領生產之後，開始分泌乳汁，如此一來，所有的母狼都可以參與小狼的哺育過程。未受孕的母犬會出現懷孕特徵，可能是源自於此。

經驗分享

如果母犬不斷出現這種假性懷孕的現象，我建議可以實施結紮手術，這是唯一的根本解決之道。

該怎麼辦

如果狗出現假性懷孕的各種症狀，請趕快帶牠去看獸醫。獸醫會在確認狗並未懷孕之後，針對荷爾蒙變化開具處方。

同時，要將狗自行佈置的狗窩拆除，並

當心兒童！

假性懷孕可能會改變若干母犬的行為，原本性情溫和的母犬也不例外；牠們的性情會變得非常躁動、易怒，甚至具有攻擊性。如果家中有幼兒，你就得多加留意了！

且取走牠的「替代小孩」（絨毛娃娃、玩具）。為了轉移狗的注意力，你得多花一點心思在牠身上，多帶牠到公園或是鄉間散步，多和牠外出運動，或一起玩些新遊戲。

讓狗套上頸筒或是在其胸部纏上布條有時可幫助抑止乳汁分泌，因為母犬自己也會藉著舔舐而刺激乳房。

母犬中性化（spaying）也可防止假懷孕發生，也就是將卵巢與子宮一併摘除，通常在牠第一次發情前或第一次發情後三個月進行。

母犬服用避孕藥丸
會導致癌症

藥劑師建議你讓愛犬服用避孕藥丸時，你拒絕了，因為你擔心會引起腫瘤。

避孕藥丸和癌症之間並無必然的關聯。

你要瞭解

醫學界對於荷爾蒙處方普遍不太信任。這類處方是藉由將自然或是合成的藥劑滲入組織器官內，達到干擾部分代謝作用以及生理平衡的目的。所有荷爾蒙處方多少都會造成慢性的副作用。

問題在於確認這些副作用是否在可接受範圍內，以及與處方療效相比是否較輕微。許多人怪罪避孕藥丸為女性帶來了種種不良影響，其中

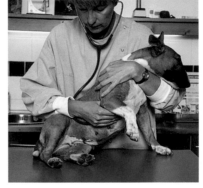

包括乳癌。於是，相同的道理也套用在母犬身上。

事實上，許多相關研究從未能證實母犬的乳房腫瘤與避孕藥丸之間的關聯。不過，讓母犬每日服食避孕藥丸或是持續注射避孕藥劑，將會令母犬更容易發生一種嚴重的生殖器疾病——子宮積膿。要對付此一常見的感染，唯一有效的方法便是切除狗的子宮以及卵巢。

該怎麼辦

如果你打算讓狗在年紀稍長時才懷孕，那麼在獸醫的處方之下，短期接受避孕藥劑注射不失為一個解決方案，但不可以長期注射，畢竟避孕藥會提高子宮積膿的發生機率。比較不建議餵食內服藥丸，因為其潛在性危險較大，也較不可靠；如果忘記讓母犬服用藥丸或是牠將藥丸吐出來，牠便依然能夠排卵，也就是仍有受孕可能。

如果你並不打算讓愛犬繁衍後代，最好讓牠接受外科結紮手術（摘除卵巢），該手術可完全終止發情期與假性懷孕，並可完全

避免意外懷孕與子宮積膿的危險。

在狗第一次發情期前後施行手術，還能夠免除乳房腫瘤的風險。

避孕藥丸的正確用途

在大部分的狀況下，使用避孕藥丸終止狗的發情期，效果並不突出，因為飼主投藥時間總是過晚（大多在發情期第三天之後才投藥）。儘管如此，如果母犬有交配行為，避孕藥依然會發揮藥效，而造成體臭、胎兒畸形。

母犬每六個月
就會發情一次

你所飼養的母犬在八個月前第一次發情了，自此之後卻沒有再度發情。你為此十分擔心，因為母犬通常一年要發情二次。你擔心愛犬是否生病了？

六個月只不過是平均數據！

你要瞭解

幾乎所有書籍都記載，母犬每年會發情二次，間隔六個月，每次持續二至三週，但是這些數據是根據所有犬種統計而來的。

雖然大部分的母犬都適用以上數據，若干犬種的母犬卻是每七至九個月，甚至一年才發情一次，如：巴仙吉犬（Basenji）。

有些犬種則一年發情三次，這和牠們的健康狀況或是繁殖力無關，這種情況常見於德國狼犬與洛威拿犬（Rotteweier）身上。

事實上，發情週期通常要二、三次之後才會穩定下來，飼主要特別留意。

母犬出現發情期代表可以懷孕，若有意繁殖，應在第一次發情前決定好交配對象。

經驗分享

在繁殖場，我總建議將較晚發情的母犬和發情期正常的母犬圈養在一起。如此一來，正常發情的母犬所散發的性費洛蒙，便能刺激其他母犬也在隨後數日發情。就像狼群那樣！

該怎麼辦

假使你所飼養的母犬通常是每六個月發情一次，如今已超過十個月未發情，請先檢查牠是否有發胖現象，因為母犬發胖的第一個後果便是不再出現發情期。

隨後試著找出最近六個月內任何可能干

青春期因犬種不同而有差異

小型犬和迷你犬種通常比較早熟，大約在六至九個月大時就進入青春期了，而大型犬種往往要等到十五至十八個月大時，才會出現第一次發情！

擾狗發情週期的壓力事件，如：搬家、家中成員離去、家中來了新的動物、天氣炎熱等，若是因為以上原因造成發情期延遲，到了隔年週期便會恢復正常。

母犬若甲狀腺機能不足也會造成發情延遲、微弱發情或是不排卵等狀況，可以使用甲狀腺素來治療。

如果找不出任何可以解釋發情延遲的原因，請儘快和獸醫連絡，以便安排醫事與荷爾蒙檢驗，因為此種無來由的發情期紊亂，很可能引起更嚴重的生理問題。

母犬和人類一樣，
也有更年期

　　你所飼養的雌性拉布拉多犬已經十歲了，於是你預計再養一隻年輕的拉布拉多公犬來和牠作伴。你完全沒有想到年老的母犬還有可能生育，你以為等公犬具備生殖能力時，母犬已經進入更年期了。

你可千萬別吃驚！

你要瞭解

　　和女性不同的是，年老的母犬並沒有所謂的更年期。許多母犬的意外懷孕事件，就是因為這個老舊的錯誤觀念所致。

　　但另一方面，雖然母犬一直到高齡（約從七到十歲，依犬種以及體型不同）都還能狗出現發情期，但是其繁殖力仍會大幅降低。一般說來，發情期的間隔會隨著年歲增加而越來越長，同時也變得越來越不明顯。但是其生殖力還是存在的，而且公犬也絕不會搞不清楚狀況！

該怎麼辦

　　為了健康理由，當母犬超過七、八歲時，最好別再讓牠懷孕繁衍後代了。

　　當母犬超過七、八歲，懷孕時併發心臟疾病、痙攣（因為缺乏鈣而引起的抽搐現象）或是難產的機會將大幅提高。

　　另外，高齡犬產下的胎兒通常會比較脆弱，夭折的情況也時有所見。

　　要避免高齡母犬懷孕最好的方法，就是盡快讓牠接受結紮手術。這項手術還有其他優點，包括能夠預防各種好發於七歲以上母犬的子宮感染（子宮積膿）。

你知道嗎？

公犬呢？公犬也沒有所謂的雄性更年期。理論上，公犬終其一生都具備生殖能力。但是和母犬一樣，其生殖能力在六至八歲（精液品質下降）以後會逐漸低落，活力也會明顯衰退！而當牠患上關節炎時，甚至會完全放棄其繁殖天性呢！

要中斷狗的交配行為，
最好的方法是潑水

你發現自己所飼養的母犬正和另一隻公犬「貼在一起」妳儂我儂時，你的第一個反應是潑一盆冷水，以便盡快將牠們分開。

這個舉動不但沒有效果，而且非常危險！

你 要瞭解

犬科動物每次交配時間從五分鐘至一個小時不等，平均是三十分鐘。公犬在向母犬獻過殷勤之後，若是母犬同意，便會跨到母犬身上，並將尚未勃起的陰莖插入母犬體內，牠可以這樣做是因為陰莖內有一塊骨頭。隨後公犬前段的陰莖會脹大而母犬陰道會收縮，如此一來，公犬和母犬便貼在一起分不開了。

公犬在射精之後會反轉身體，於是兩隻狗便形成尾巴貼著尾巴的姿勢，並維持該姿勢十五至三十分鐘。通常也是在這個時候，飼主才會藉著潑冷水以「澆熄熱情」，來嘗試分開牠們。殊不知，在這個階段強行分開狗兒們可能會對牠們造成疼痛甚而嚴重的傷害──公犬陰莖內的骨頭骨折，而母犬的陰道則出現裂傷。

該 怎麼辦

絕對不要強行分開兩隻交配中的狗；試著克制自己的不耐，狗會自行分開的。而且射精動作早已經完成了。射精後的動作基本上對於母犬的受孕機率沒有什麼影響。事實上，即便交配時間很短，許多母犬依然會受孕，只要公犬在牠們的體內射精即可。

如果你不希望愛犬受孕繁殖，或者牠並不適合懷孕（年紀太大、體質虛弱或是罹患疾病），請在狗交配後盡快帶牠到獸醫處接受流產手術。

狗必須接受二至三次荷爾蒙注射才能完成流產，每次間隔四十八小時。

懷孕診斷

不論是透過超音波，還是檢驗血液中一種稱為reazine的特殊荷爾蒙含量，交配後第二十日起進行懷孕診斷的正確性較高。在懷孕末期，則可以透過超音波檢查得知胎兒的數目（自第四十五日起便能夠見到骨骼）。

第五章

健康

接受過疫苗注射的狗
便不會再生病

你的愛犬從小便定期接受疫苗注射，但只要你沒讓牠定期接種疫苗，牠便隨時可能會生病。接種過疫苗的狗不是應該不再生病了嗎？

單靠一劑疫苗不可能抵抗所有病原體！

你要瞭解

接種疫苗的目的在於保護你的愛犬，使其生命免於數種傳染疾病的侵襲，但並非所有疾病都能預防！

藉著將已抽離致命病原的疫苗注入體內，身體能刺激免疫系統製造其防禦武器，也就是抗體，以便在病原體真正入侵時，身體能夠迅速做出反應。

合成的抗體是特別用來對抗病原體的，而非對抗其他物質。針對某一病毒而接種的疫苗，無法對抗其他種病毒的攻擊，狗還是可能會生病。

然而，如今已知，越是加強免疫系統的防禦力，則該防禦力就會更加有效率。

一隻定期接種疫苗以提高抵抗力的犬隻，在面對傳染病時，也不會像抵抗力差的狗那樣不堪一擊。

該怎麼辦

今日已經成功研發出十多種犬用疫苗，但並非每一種都必須為你的愛犬注射。只有

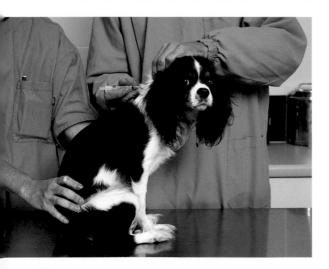

獸醫能夠依據狗的生理狀況以及每種疾病的散播方式，來制定疫苗接種計畫。雖說你可以選擇接種的疫苗種類，但是某些疫苗不論在何種狀況下都是必須注射的。

請切實執行獸醫制定的疫苗接種計畫，一劑疫苗的效期通常是一至二年，甚至更短。因此，每年應該至少帶愛犬去接種疫苗一次並且要定期注射。

腸道寄生蟲

腸道寄生蟲會令狗的免疫力下降，並使得疫苗的效果大打折扣。請記得在注射疫苗之前數日，先為你的愛犬驅蟲。

老狗已經不再外出
因此不必接種疫苗

　　你的愛犬已經十三歲了，牠的活動力大減，大部分時間都在睡覺，牠現在寧可待在家中角落的溫暖狗窩裡，也不願到公園去散步。

　　既然狗已經這麼老了而且又不外出，讓牠接種疫苗不是多此一舉嗎？

恰恰相反！

你要瞭解

　　狗在幼年以及老年兩個時期，健康最容易受到威脅。事實上，幼犬因為免疫系統尚

未發展健全，因此防禦細菌攻擊的能力非常有限，而老犬則是因為衰老的關係，免疫機能也隨之衰退。

　　即使老犬已不再外出或不再和其他狗接觸，停止為老犬接種疫苗如同不為幼犬接種一樣，是不智之舉！

　　事實上，老犬感染疾病的危機依舊很高，例如：你家的鞋子可能受到人行道上的排泄物污染，進而將嚴重疾病傳染給狗。

　　家中若有其他狗，外出時也可能會將犬瘟熱病毒帶回家中，再經由飛沫、梳子、餐具，或口鼻接觸，將病毒傳染給高齡犬。

該怎麼辦

　　如果你所飼養的老犬已超過一年沒有接種疫苗，請儘快和獸醫聯繫，安排注射二劑初始疫苗（二劑注射時間間隔一個月），隨後每年追加一劑疫苗。

　　狗兒接種疫苗的同時，也是健康檢查的好時機。只有在身體健康的狀況下，狗才能夠接種疫苗，因此獸醫會為你的愛犬做個全面性的檢查；醫師會透過觀察、測量脈搏、觸診來檢測感染疾病的初期病徵（心臟問題、牙結石、白內障等）。

你知道嗎 ?

平均壽命延長：數十年來，法國境內犬隻的平均壽命已經大幅增加。碰見超過十六歲的老狗早已經是見怪不怪了，這得歸功於寵物就醫情況普遍、獸醫學進步所提供的良好照護以及優質的食品。

　　透過檢查，獸醫會提供各種疾病預防方法，並且視情況需要建議你的愛犬接受進一步的檢查（血液報告等）。疫苗接種可算是最初步的健康檢查。

狗會藉著吃草來清腸胃

你的愛犬才剛剛在院子或是公園裡排過便，馬上又像雷達似地到處嗅聞，同時吃了幾口草，完全無視於嘔吐的風險。但是你並沒有制止牠，因為你認為草可以幫助牠清清腸胃。

草可不是驅蟲劑！

你要瞭解

草並不能夠取代驅蟲藥，因為草並不含能夠殺死腸道寄生蟲的主要成分。相反地，若是草曾經被其他感染寄生蟲的動物的排泄物所污染，則反而會將寄生蟲再傳染給吃下草的狗。

但是，為什麼一隻「肉食動物」會吃草呢？這個舉動對狗而言是十分正常的，透過狗的野生親戚便可以獲得印證。

對於肉食動物而言，草以及綠色蔬菜等植物算是一種粗食，可以提供纖維素以預防便秘。

另外，狼群並不只吃獵物（通常是草食動物）身上的肌肉部分，也吃獵物的胃部內容物，裡面即含有豐富的草葉植物。

除此之外，即便你的愛犬平日所吃的均衡飲食已經包含了豐富的纖維素，牠還是會維持吃草的習慣，或是偶爾想要……嚐鮮一下。

該怎麼辦

狗吃草之後有時會出現嘔吐現象，若狗只是偶爾吃草，則嘔吐對於狗的健康不會造成影響。相反地，若狗經常尋找可吃的草並引起嘔吐，則可解讀為灼熱感所引起的胃部不適，促使狗尋找可吃的草以便催吐。在此狀況下，你的愛犬很可能是出現了胃部發炎的現象（胃炎）。

獸醫能夠輕易地檢測出更嚴重的疾病（病毒感染或是外來生物入侵）所引起的消化不良。

腸道寄生蟲是引起狗胃炎的諸多因素之一，也許是因為這樣，所以大家會將吃草和驅蟲聯想在一起。

經驗分享

應該在狗小時候就訓練牠不要吃草，因為某些植物因其組成成分及化學肥料的關係會帶有毒性。若發現狗準備吃草，請立即用遊戲或是狗餅乾來轉移牠的注意力。

狗也可以吃
Doliprane 止痛藥

　　某天夜裡，你的愛犬顯得十分疼痛，食欲盡失且有發燒現象，在帶牠去看獸醫之前，為了減輕牠的痛苦，你決定給牠服用兒童劑量的止痛藥。

當心！

你要瞭解

　　Doliprane藥劑的主要成分是撲熱息痛（paracetamol），在其他藥劑裡也會出現，其作用在於鎮熱止痛，同時因為其藥性溫和而常添加於人類用藥，特別是嬰兒或是幼兒用藥。因此，飼主常常未經醫師處方便擅自讓寵物吃這種止痛藥，卻不知道可能會引起意想不到的嚴重後果！事實上，人類和狗對於撲熱息痛的代謝速度是截然不同的。

　　與人類相比，狗自我排毒的速度非常慢，因此中毒危險較高。幼犬和病犬對毒物又更為敏感，輕微劑量便會有所反應。在誤食毒物後數小時內會出現以下中毒現象：無精打采、呼吸急促、口吐淡青色唾沫、頭與四肢蜷縮在一起、嘔吐及腹瀉等，若沒緊急送醫，狗會在二十四至四十八小時內死亡。也千萬別讓狗吃阿斯匹靈或異丁苯乙酸（ibuprofen），因為這些藥劑會引起嘔吐、胃潰瘍，情況嚴重時甚至會造成腎衰竭。

該怎麼辦

　　擅自用藥是非常危險的，因為狗和人不同，牠們對藥物的反應和經常服藥的人類迥異，而且可能會有致命危險。當狗有發燒症狀時，都應該立即將牠送至動物醫院接受檢查，因為發燒通常是感染病原的症狀。

　　如果你的愛犬深受關節炎反覆發作之苦，而你想減輕牠的疼痛，可以請獸醫開立一些犬隻專用的止痛劑。現在各大獸醫學研

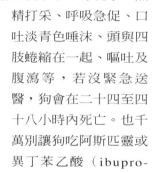

施救步驟

當狗中毒時，可依照以下步驟將牠送醫急救：
1. 小心靠近，先以長棍輕觸狗，試探是否有攻擊性（狗可能因為痛苦而出現防衛性攻擊）。
2. 以大毛巾覆蓋狗兒全身，僅露出頭部。
3. 讓狗側躺在紙箱或硬物上，以便搬運。
4. 若狗持續嘔吐，戴手套將嘔吐物清除，以防止呼吸道堵塞。
5. 持續輕撫狗全身，並盡速送醫。

究中心已開發出許多適合動物服用的藥劑，請別再自行讓狗服用人用藥品。

狗的鼻頭發熱
代表牠發燒了

當你的孩子感到不舒服時，你第一個反應便是用手掌貼在他的額頭上量量他的體溫。而當你的愛犬看似生病時，你則是摸摸牠的鼻頭，只有當鼻頭讓人感到灼熱時才會有所警覺。

這並不是絕對的！

你要瞭解

在狗的鼻頭上測得的溫度，會因體溫、外在氣溫以及我們手指頭的溫度而有所差異！如果你的愛犬感冒了、有流鼻水的症狀並且待在一個陰涼環境裡，牠的鼻頭摸起來可能是溼涼的；相反地，如果天氣炎熱，一隻身體健康的狗待在大太陽底下，牠的鼻頭摸起來仍會顯得乾熱！

另外，鼻頭的含水量有一部分來自於淚液，因為淚液會從眼角透過淚管溢入鼻腔。而此長期溼潤作用再由舌頭上的唾液加以補強，其主要目的在於使鼻頭保持在一定的溫度。當狗患了乾眼症（淚液分泌不足）或是淚管堵塞時，鼻頭就會顯得乾熱。

該怎麼辦

想要確定愛犬是否發燒，請使用傳統的電子體溫計（小型犬則請選用嬰兒型號），將感應端塗上凡士林，然後插進狗的肛門大約二公分的深度。

狗的正常體溫在攝氏三十八至三十九度之間，若超過攝氏三十九‧五度，便是體溫過高，一旦狗有這種狀況，請盡快送醫。但若體溫未超過三十九度，且狗的精神很好，食欲也正常的話，不妨多觀察一天。

體溫過高

體溫過高不見得是發燒的症狀。在陽光下曝曬、運動甚至於緊張，都可能在短時間內讓狗的體溫迅速上升。若是你不放心，可以在一至二小時之後，於陰涼處，讓狗在安靜休息的狀態下，再次測量牠的體溫。

狗總是習慣
默默承受疼痛

大多數人認為，獸醫這個行業最主要的困境在於寵物不會說話，因此牠們也無法表達自己的痛苦，這點讓大家以為狗總是默默地承受疼痛。

真是奇怪的想法！

你要瞭解

長久以來，一般人總是忽略甚至不願正視動物所承受的疼痛。也許是因為笛卡兒（Descartes）將疼痛視為一種精神感官，和靈魂是不可分的，所以認為動物不會有這種感覺。因此，科學家們直到近期才對此課題感到興趣，並且發現許多動物都有疼痛的問題，而且疼痛感是能夠被檢測出來的。

狗並不會默默承受疼痛，牠會以不同的方式來表達。雖然疼痛的狀況經常不甚明顯，但一般而言，狗越少表現出衰弱的情況，存活的機率就越高。因為疼痛並不會降低狗在生理與心理上的敏感度。

該怎麼辦

你得知道狗表達疼痛的語言，如吠叫、喊叫、呻吟等，但牠們並非總是用相同的方式，通常都是因為劇痛，狗才會出現這些行為。此種劇烈疼痛也會引起呼吸頻率加速（喘息）或是腹式呼吸。除此之外，當你要狗移動時，牠立刻就會露出跡象，例如：一隻患有關節炎的狗常是不良於行的，而且會出現跛行以及顫抖現象；拱起的背部也是因為腹痛。

如果狗出現癱瘓症狀或是頻頻舔舐疼痛部位，同時會避免若干休息姿勢或一直找不到牠覺得舒服的姿勢時，你應該就要有所警覺。最後，狗的食欲會有所變化，牠的習慣、活力、對於近距離週遭環境的興趣等，也都會有所改變。有些狗會因疼痛而情緒低落，有些狗則會出現攻擊傾向。

經驗分享

並非只有人類會透過臉部表達疼痛，我常注意到身上有病痛的狗，其眼神往往十分黯淡。牠的前額常常會堆起皺紋，下唇外翻同時舌頭快速地動著。

狗應當每年
驅蟲一至二次

每年你總會記得帶狗去接種疫苗，順便替牠驅蟲。但你心想既然牠如此健康，為何必須經常替牠驅蟲？

每年應當至少為狗驅蟲四次！

你要瞭解

腸道寄生蟲並不是只會侵害幼犬，許多成犬也會變成宿主但表面上卻看不出來。其實，寄生蟲入侵往往是不露痕跡的，目前已知會致病的體內寄生蟲有數種，其傳染途徑也不少；不論狗是住在鄉下或是城市，住在公寓或是專屬的狗窩裡，都無法倖免。

由於狗無法自行驅蟲，因此飼主便責無旁貸必須常常為愛犬驅蟲；投一次驅蟲藥只能保護狗二十四小時，而不是一年，這和疫苗接種是不同的。

> **經驗 分享**
> 一旦發現寵物身上有跳蚤，我會經常替牠驅蟲，因為跳蚤會將縧蟲傳播至狗和貓咪身上。

該怎麼辦

驅蟲藥必須經過獸醫師處方，獸醫師會就藥品種類、投藥方法與速率，為你提供建議。事實上，根據年齡、環境、狗的活動類型、生理狀況（懷孕、哺乳等等），甚至於季節之不同，感染寄生蟲的機率與種類也會有所差異。

大致上而言，在未發現寄生蟲蹤跡的情況下，一隻成犬一年應當服用四次綜合驅蟲藥，以防治縧蟲和線蟲的感染。在讓愛犬服用驅蟲藥之後數日內，記得隨手清理狗的排泄物，以避免牠再次感染，或是傳染給其他犬隻。

當心人畜共通傳染病！

即便例子十分罕見，犬隻寄生蟲傳染給人類的風險依然存在。大部分的案例都沒什麼大礙，真正的危險在於蚵蟲的幼蟲入侵幼兒或是免疫力低落的成人身上。這些寄生蟲能夠引起許多嚴重的損害，特別是神經系統以及視覺系統。

狗若在地面摩擦屁股，

表示體內有寄生蟲

　　數日以來，你的愛犬一直有個奇怪的舉動，牠會突然坐在地磚上並摩擦屁股，有時甚至會在地上留下一條噁心且帶有臭味的褐色痕跡，接著又舔舐自己的肛門。

此時必須讓牠服用驅蟲藥嗎？

你要瞭解

　　此行為是肛門發癢所導致，有時候尾巴根部被叮咬也會引起該現象。

　　造成肛門發癢的第一個原因是肛門部位腺體堵塞，通常是寄生蟲造成的。這些腺體位於肛門兩側，在犬科動物裡，其功能是分泌含有大量費洛蒙*的液體。

　　因為堵塞，腺體會腫大，最後噴出深褐色帶臭味的液體，液體中還混雜著許多白色小點。這些小點就是一種叫做瓜實絛蟲（dipylidium caninum）或俗稱犬絛蟲的寄生蟲蟲卵。然而，並非每次都是寄生蟲的問題；堵塞也可能是細菌感染、便秘引起肛門輕度發炎、接觸性過敏或食物過敏等原因所造成的。

（＊）費洛蒙：各個物種特有的揮發性物質，主要用來標記領土、吸引異性及區分社會階級。

> **經驗分享**
> 一年至少兩次定期請獸醫或是寵物美容業者為狗清理肛門的腺體，以避免腺體堵塞，並早期檢測是否有寄生蟲。

該怎麼辦

　　如果你的愛犬持續在地面上摩擦屁股，首先你可以讓牠服用驅絛蟲的特效藥，如果症狀持續數日仍未改善，請盡快讓牠接受獸醫檢查。

　　請記得同時為家中其他寵物（狗和貓咪）進行驅蟲，以避免交互感染。

　　除蚤措施（寵物與環境）也是不可或缺的，因為跳蚤是絛蟲的主要傳播途徑，跳蚤特別喜愛絛蟲產在動物肛門四周以及毛髮裡的蟲卵。只要狗在自我清理時不慎吃下了一隻帶有蟲卵的跳蚤，絛蟲便會開始在腸道裡展開旅程。

狗專用的抗壁蝨疫苗
早已開發出來了

每年夏天，你的愛犬總是受到壁蝨侵襲，於是你今年下定決心，要聽從獸醫師的建議，為愛犬施打預防針。注意！這並不是抗壁蝨疫苗，而是一種用來預防以壁蝨為傳染媒介的嚴重疾病的梨漿蟲（piroplasmosis）疫苗。

兩者是不同的。

你要瞭解

壁蝨一旦攀附在狗的皮膚上，便會吸食狗的血液維生，並且在吸血的同時傳遞病原體給狗兒，其中最值得注意的疾病便是梨漿蟲病。

犬梨漿蟲病又稱為犬焦蟲病或犬巴貝斯蟲病（是由微生物babesia canis之名而來），這種疾病在法國十分常見，每年約有六十萬至八十萬個感染案例。若不盡快接受治療，這種寄生蟲將會侵襲紅血球，而對狗造成致

梨漿蟲

梨漿蟲疫苗並無法百分之百保護狗，但若接種過疫苗的狗仍然受到感染（案例少之又少），症狀會較輕微。除此之外，未曾接種過疫苗而從梨漿蟲病之中倖存的犬隻，並不能從此對該疾病免疫。狗的一生有可能感染該疾病數次，而且狀況可能會一次比一次嚴重。

命的危險。如今已研發出疫苗，可預防此疾病繼續在體內發展、惡化，但是對於其傳染媒介——壁蝨，仍無有效的預防對策。

該怎麼辦

若在你生活的區域感染梨漿蟲病的風險極高，請記得在你的愛犬五個月大時便開始定期讓牠接種疫苗。最初兩劑疫苗接種間隔為一個月，之後每年追加一劑。

在春季、初夏以及秋季等壁蝨活躍的季節裡，也要記得為你的愛犬做好保護措施。你可以選用防蝨項圈、噴劑或是滴劑，可請獸醫建議適合你的愛犬使用的形式。

萊姆症

近年來，也研發出了另外一種疫苗，以對抗同樣是經由壁蝨傳染的萊姆症，這種病症不僅會侵害寵物，也會侵襲人體。這是一種細菌感染疾病，對大部分的狗不會造成影響，但是少數狗會出現跛行、神經問題以及淋巴腫大等症狀。

壁蝨能夠鑽入狗的體內

從公園散步回到家的時候，你在愛犬的身上發現一隻壁蝨。於是你用除毛用的鑷子來拔除壁蝨，但是牠的頭部仍然牢牢地附著在狗的皮膚上。壁蝨殘餘的頭會變成怎樣？會不會就鑽進狗體內？

你恐怖電影看太多了吧！

你要瞭解

你因為在愛犬身上發現壁蝨而感到擔心，這是非常正常的，然而笨拙的拔除手法所帶來的危險，遠不如壁蝨傳遞給狗的疾病。

壁蝨以吸食宿主的血液維生，牠會利用口器刺穿狗的皮膚並攀附其上，一次最長可連續吸血七天。

壁蝨為了能夠牢固攀住狗的皮膚，會分泌一種黏性物質，讓口器緊密貼在皮膚上。這就是當我們試著用鑷子拔除壁蝨時，壁蝨的口器（而不是頭部）多半仍會留在皮膚內的原因。

這些殘留的口器不會再陷得更深，但這些殘餘的口器以及黏性物質會引發腫脹肉芽現象，該狀況會持續數週並可能化膿。

夾除壁蝨時動作要緩慢、小心地移除壁蝨的口部；若用力太猛，會讓壁蝨的唾液大

量注入到狗體內，進而造成狗麻痺，嚴重時還會導致死亡。

經驗分享

在壁蝨活躍的季節，每次和你的愛犬外出散步到家時，都要仔細檢查牠的毛皮，特別是皮膚最細嫩的部位，包括耳朵、四肢內側及乳房，因為這些部位最容易遭壁蝨侵襲。

該怎麼辦

壁蝨最常躲在雜草叢或灌木叢裡，狗在這些地方玩耍很容易被壁蝨叮咬。

若想要完全拔除狗身上的壁蝨，可先用乙醚（須經由獸醫處方）或是合適的殺蟎產品（獸醫提供的噴劑、塗劑）將壁蝨浸溼。靜待一分鐘之後，再藉助鑷子或是特製的壁

蝨夾，小心地將壁蝨連同其口器一起拔除。

如果無法完整拔除，記得必須早晚替傷口消毒，並且塗上由獸醫處方的殺菌消炎藥膏。若是壁蝨數量過多，建議使用含有殺蟎成分的犬用沐浴精來為狗清潔，而不要一隻一隻用手拔除。

高齡犬不適合接受麻醉

獸醫剛剛宣佈，你的愛犬必須盡快接受手術。你簡直嚇壞了，因為愛犬已經不年輕了！然而，麻醉行為在今日已很安全了。

麻醉會根據狗的狀況而做調整！

你要瞭解

這種恐懼通常源自於大家將年老視為疾病，而且是無藥可治的疾病！所以為何還要冒險替一隻超級病人麻醉呢？

不過，今日的獸醫師們已經擁有非常可靠的麻醉技術，包括劑量的精準度、維生器材以及先進的復甦設備，幫幼犬或是高齡犬動手術都一樣得心應手，所以高齡並非手術的禁忌。麻醉過程會根據每個案例而做調整，尤其是每隻高齡犬的特殊生理狀況以及潛在疾病（心臟病、呼吸道疾病、肝病、腎臟病等）。

事實上，除了絕育手術（結紮）以及外科急救手術（意外救治），絕大多數的手術都是以高齡犬為對象，如：腫瘤切除、去除牙垢、體內感染處理、白內障手術等。

該怎麼辦

必須在麻醉情況下才能進行的手術，目的在於拯救狗的性命，或是改善其日常生活品質。

麻醉前的檢查是不可免除的，這也是手術前置準備的一部分，包括：聽診、血液檢查、心電圖等。千萬不要為了省錢而不讓狗做這些檢查。

最後請記得，時間絕不是你的盟友；你越是拖時間，疾病就愈加惡化，而麻醉的危險性也會隨之提高。

你知道嗎？

為狗進行麻醉：每位獸醫都接受過紮實的麻醉訓練。事實上有些獸醫便以麻醉為其專科，專門為動物麻醉。這類麻醉獸醫師在法國的數量還不多，他們主要在大型動物醫院工作，為許多寵物以及馬匹外科手術提供麻醉服務。

舊的眼藥水
仍可讓狗使用

你愛犬的眼睛在流眼淚，於是你在藥品櫃裡翻找著，想找出獸醫以前為牠處方的眼藥水，或是你家孩子的眼藥水。

當心後果！

你要瞭解

許多飼主會將未用完的獸醫處方用藥保留下來，以便日後不需處方便能再度使用。但是，原本用來治療疾病的藥品在他人身上卻可能變成毒藥！光憑肉眼所見的症狀就貿然自行處理是相當危險的。

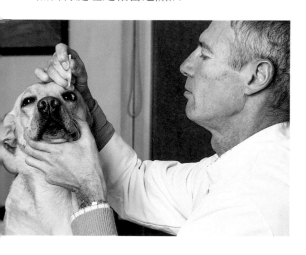

最典型的例子，也是後果最嚴重的例子，便是使用含有腎上腺皮脂素的眼藥水。這種消炎藥用來治療眼睛黏膜發炎（例如結膜炎）非常有效。但是，當腎上腺皮脂素和角膜潰瘍接觸時，會加重角膜的損傷程度，並使疼痛加劇。因此，獸醫總會在開具消炎眼藥水處方之前，會先仔細檢查角膜是否完整。

除此之外，眼藥水也是不易保存的產品，一經開封便無法久放；如果你使用前一次處方剩下的眼藥水，很可能就會順便將細菌一起滴入眼睛裡。

> **經驗分享**
> 要想避免危險的私自用藥行為，最好的方式就是不要囤積用過的藥品，並且在療程結束時就將藥品交給獸醫處理。

該怎麼辦

別保留開封超過十五日的眼藥水，並且避免在滴藥時讓滴管接觸到狗的眼睛，以免滴管受到污染。當療程結束，請立即丟棄該藥水。

一發現狗的眼睛出現異狀（紅眼睛、淚液分泌過多、眼瞼腫脹等），請立即和獸醫連絡並安排狗接受檢查，獸醫將會做出詳細的診斷並妥善治療你的愛犬。

在等待看診之前，你可試著用生理食鹽水清理愛犬的眼睛，但是牠若有任何輕微反應請立即停止清洗動作，因為這表示牠感到疼痛、不舒服。

狗會藉著舔舐傷口，
加速傷口結痂

　　外出散步回到家裡時，你發現愛犬的腹部有一道傷痕。你放任牠舔舐傷口，因為你認為牠的口水裡含有殺菌成分，並能幫助傷口結痂。

真是大錯特錯！

你要瞭解

　　由於動物無法自己進行醫療行為，所以會本能地舔舐自己的傷口。因為有許多傷口最後都結痂了，所以長期以來大家總認為狗的唾液裡含有醫藥成分。

　　其實，舔舐行為有助於清除污血以避免血腥味道引來潛在的天敵，同時也能夠清理可能留在傷口上的髒東西（石子、碎片、尖刺或木屑等）。

　　但是唾液並不能夠預防傷口感染，反而可能傳遞致病的微生物。根據估計，狗的唾液每日約可孳生一千億隻細菌！

　　另外，不斷舔舐傷口並讓傷口保持溼潤，只會延遲結痂並延長發炎的時間。

該怎麼辦

　　請先用肥皂水（天然馬賽肥皂或是泡沫狀消毒溶液）來幫狗清理傷口，或是用水稀釋消毒液之後再清洗傷口上的異物，接著讓傷口乾燥。用紗布蓋住傷口，然後用安全剪刀把傷口周圍的毛髮剪掉。接下來，你可以開始為傷口消毒了；若有流血狀況或傷口相當深，請先塗上雙氧水。

　　在任何狀況下，都請用以碘酒（iode）或克羅希西定（chlorhexidine）為基本成分的消毒藥水來進行消毒。然後再塗上獸醫建議的藥膏以幫助傷口結痂，同時用敷料以及繃帶包紮以保護傷口。傷口癒合之後就可以不必再包紮了。

經驗分享
　　一旦傷口範圍太大、太深時，我不建議你親自處理。請立即找獸醫處理傷口。縫合傷口的時間絕不能拖延！

癌症會奪走狗的生命

一聽到獸醫說出「癌症」二字，你的心情就立刻跌到谷底。振作一點！目前被癌症奪去性命的狗已經越來越少了。而且越早讓愛犬接受治療，牠就越有機會戰勝病魔。

振作點吧！

你要瞭解

在當今社會裡，癌症仍然是個禁忌話題，因為它是死亡的同義詞。這個被認為是無藥可醫的疾病若是發生在愛犬身上，則更令人懼怕，因為一般人總誤以為獸醫學在此領域的研究進展要比人類醫學落後許多。

然而，獸醫學在癌症方面的研究在近三十餘年來已有長足進步，也達到了一定的水準，在技術上比起人類醫學的癌症研究更可謂不遑多讓。

除了外科手術，就連化學療法以及放射線治療如今也常運用於狗的癌症治療上。獸醫會運用先進的診斷儀器，包括：放射線、超音波、內視鏡、斷層掃描、核磁共振影像、造影等來輔助診治，所有疼痛也都可以獲得藥物控制，而所使用的藥物和用在人體上的藥物成分十分相近。營養學專家也為罹患癌症的犬隻設計出專用餐點，以因應牠們的健康需求，並設法延長其壽命。

總而言之，癌症專科是獸醫學中研究最活躍的領域之一；科學家不斷地開發更有效、安全的新一代療法，為動物們開創生機。

毛髮脫落

和人類不同的是，接受抗癌化療的狗很少發生毛髮脫落的現象。

該怎麼辦

你千萬不要驚慌，也不要認為癌症是絕症。你必須更加信任獸醫，因為他是你共同對抗寵物癌症的夥伴。他會為你說明病情、可能的療法以及治癒率。你必須和獸醫一起做出幫助愛犬緩和疼痛、戰勝病魔的決定。你也必須知道這些檢驗以及療程將耗費許多金錢和時間。化療或手術後的恢復期是非常漫長而重要的，因為狗的身體通常會變得很虛弱。

記得要按時帶狗回診，以接受化學藥劑注射，並且要按時餵食藥物。時時留意狗的狀況，一出現任何生病或是發燒現象請立即和獸醫聯繫。

藥物會破壞狗的免疫系統，讓牠在對抗傳染病時顯得更為虛弱。請記清楚處方藥物會帶來的各種副作用，同時熟悉能夠減輕狗兒痛苦的各種方法。

最後，要謹守獸醫所囑咐的飲食要點，不要因為過度寵愛狗，而餵食會令牠生病、不舒服的食物。

狗中毒時

可以用牛奶解毒

　　真糟糕！你赫然發現愛犬正在吃用來殺蛞蝓的藥劑，你第一個反應便是倒牛奶給牠喝，希望中和、稀釋藥劑的毒性。

這個舉動跟毒藥本身同樣危險！

你要瞭解

　　長久以來，大家不僅將牛奶視為營養食品，也是藥品。在過去被視為牛奶的優點中，有一部分在今日卻受到不少抨擊，因為它們只是從顏色及作用所揣測的功能，卻無科學數據佐證。

　　所以，許多人仍然認為在誤食有毒物質時，牛奶是絕佳的解毒劑。

　　然而，牛奶和所有其他含有脂肪的液體（如植物油）一樣，是絕對禁止如同使用在人體那樣使用在狗身上的（除非是獸醫指示），因為牛奶會促進溶解作用，並加強腸道對有毒物質的吸收力，如：農藥、殺蟲劑、除草劑、除菌劑、若干藥品……等。當狗中毒時，餵食牛奶往往會弄巧成拙，而加重症狀或加快症狀出現的速度，因此絕對不能將牛奶當作解毒劑。

該怎麼辦

　　如果你的愛犬在你面前不慎誤食有毒物質，應立刻讓牠遠離該物質，如果情況允許，請立即以手指或是大量清水為牠清除嘴巴外面的殘餘物質。

　　接著馬上和獸醫或是動物解毒中心連絡，他們將會告訴你當下所面臨的危險性以及應該採取的緊急措施。

　　在任何狀況下都不要驚慌，你必須冷靜才能遵照專家指示進行中毒處理。危險性高低完全取決於誤食物質的多寡，例如，散落在地面、以聚乙醛（metaldehyde）為主要成分的除蛞蝓藥劑，毒性其實不高。

　　若是你的愛犬出現中毒現象（唾液分泌過多、噁心、反覆嘔吐、無精打采、抽搐、神經緊張），請立即找出導致中毒的產品或是植物，並盡快將狗送醫。

　　記得要攜帶誤食的有毒物質樣品或至少是其盛裝容器，以利獸醫了解中毒原因，並進行處方、調製合適的解毒劑，來拯救狗的生命。

剪掉狗的尾巴，
可使牠免受寄生蟲侵擾

　　你的祖父過去總會替獵犬剪去尾巴，而且他也建議你剪短新飼養的貴賓幼犬的尾巴，理由是──如此可避免牠被寄生蟲入侵。

多奇怪的理由啊！

你要瞭解

　　深信剪短狗尾巴能夠避免腸道寄生蟲的侵襲，這項流傳已久的觀念可能源自於牧民為綿羊剪尾巴的習慣，因此有所混淆。

　　事實上，繁殖業者習慣為某些品種的新生綿羊剪去尾巴，以避免糞便沾黏在尾巴下方，進而預防招來蒼蠅在該處產卵。

　　這些卵一旦孵化後會變成蛆，然後攻擊皮下肌肉並引發敗血症（透過血管傳播的細菌感染）。

　　在狗身上卻不是這麼一回事！

　　沒有任何證據顯示，剪去尾巴的狗感染蛆或是吞食寄生蟲的危險性，比未曾剪去尾巴的狗還低。

　　剪尾巴手術最主要是為了狗的外型美觀，也是某些尾巴細長的犬種要減少因尾巴受到外傷的對策。

你知道嗎？

別再剪掉狗的尾巴了：受到其他歐洲鄰國的影響，法國自二○○四年起全面禁止幫狗施行剪尾手術。若無法提出醫學證明支持該手術的必要性，則視為蓄意傷害犬隻。

該怎麼辦

　　請先打聽好愛犬所屬犬種的標準及現行法令。自二○○四年起，在法國境內除了特定犬種之外，嚴禁一切為了美觀而施行的剪尾巴手術。目前在荷蘭或歐盟國家也都已禁

當心感染！

天生無尾巴的犬種（如法國鬥牛犬）或是後天將尾巴剪得過短的犬隻，在原本的尾巴部位會出現皮膚皺褶，該皺褶處常常會因為潮溼而引起感染，因此有時還必須在該處垂釣重物。

止為狗施行剪耳和剪尾巴等手術。台灣的「動物保護法」雖未明文禁止剪尾巴手術，但規定動物的醫療及手術，應基於動物健康或管理上需要，並由獸醫施行，違反者將處新臺幣二千元以上、一萬元以下罰鍰。因此請不要只因外型考量而剪去狗的尾巴。

　　剪尾巴手術必須在狗出生後數日內施行，並且必須由獸醫執行手術。

　　預防寄生蟲最好的方法就是為你的愛犬以及家中的所有寵物定期驅蟲（參照第76頁）。

混種犬的體質
比純種犬好得多

你所飼養的狗都是撿來的或是從流浪犬之家認養來的，而且你從未想過要買純種犬來飼養，因為你只想要飼養混種犬，你認為牠們的體質最強健，頭腦也最聰明。

如果你錯了呢？

你要瞭解

即便是有下降的趨勢，但一般說來，法國人比較喜歡飼養混種犬以及雜種犬。事實上，一般認為純種犬體質較為脆弱。近親交配確實會遺傳基因缺陷，但是今日的繁殖業者都懂得避免讓不健康的犬隻繼續繁衍，同時會時常加入新血。選擇的方向也不再獨鍾

體態上有問題的犬種，如皮膚上有許多皺褶的沙皮狗。

至於混種犬擁有較高的智力，這又是另一個法國人的觀念；英國人反而認為純種犬比較聰明，因為牠們的性格及天賦都是經過數代嚴格篩選而來的！

該怎麼辦

如果你在乎的是狗的體態與性格，而認為體型大小不是那麼重要，雜種犬將是你不錯的選擇，而且請記得到流浪狗之家去認養。

如果你已經中意某種類型的狗，或是你對於成犬的體型、互動關係、活動力、性格、預期壽命都有嚴格的要求，最好先認識各犬種的特性，然後再根據你的各種標準來選擇，最後再去找繁殖業者購買。

你知道嗎？

混種犬與雜種犬：混種犬是指由兩隻不同血統的純種犬交配而來的狗，或是由一隻純種犬和一隻混種犬所生下的狗。雜種犬則是無從得知其血統來源的狗，就和其親代一樣。混種犬和雜種犬合計佔全法國的犬隻數量一半以上。

經驗分享

部分飼主認為混種犬比較長壽，但以我的個人經驗，我所接觸比較高齡的病患多半是貴賓犬以及約克夏。

狗的年齡乘以七
就相當於人類年齡

你所飼養的拉布拉多犬剛滿十二個月，而你仍然把牠當作寶寶一樣寵愛。畢竟牠的年齡換算成人類也只不過是七歲而已！其實，你的愛犬已經是成犬了，而且已經滿十八歲了！

換算的方式依犬種及體型而有所不同！

你要瞭解

將狗的年紀乘以七，便能換算成人類年紀，這種計算方式看似方便，結果卻是錯誤的。七歲大的約克夏也許相當於四十八歲大的成人，但是同齡的大丹犬卻已經相當於高齡六十七歲的老人了！

其實，平均壽命和犬種、犬隻體型大小有關，小型犬的壽命通常較長，超過十五歲的貴賓犬十分常見。相反的，巨型犬（聖伯納、紐芬蘭犬等）很少超過十歲。至於一般體型的中大型犬，例如：拉布拉多犬、牧羊犬以及塞特犬（Setter）等犬種，其平均壽命約在十二歲左右。

該怎麼辦

依犬隻體重區分的年齡表（資料來源：TVM研究中心）

狗的實際年齡	1	2	3	4	5	6	7	8	9	10	11	12	13	14	15	16	17	18	19	20
< 15 kg	20	28	32	36	40	44	48	52	56	60	64	68	72	76	80	84	88	94	100	110
15-40 kg	18	27	33	39	45	51	57	63	69	75	80	85	90	96	102	110				
> 40 kg	16	22	31	40	49	58	67	76	85	96	105	112	120							

這些數據只是平均值，狗的成熟度與衰老狀況根據體型大小也會有所差異。

奇特的是，平均壽命較長的犬種也會較早達到成犬的階段；一隻小型犬在八個月大時就已經算是成犬了，而大型犬則需要十八至二十四個月。

大型犬種的成熟度比小型犬慢，但是衰老的速度卻反而較快，牠們的平均壽命一般也比小型犬短百分之二十五左右。

舉例來說，一歲大的紐芬蘭犬不論在心理、生理上都比同齡的西高地白梗犬（Westie）年輕。但從三歲起，整個狀況就會對調。

一般對於老年犬的門檻定義為：小型犬十歲，中型犬九歲，而大型犬則是七歲。一般而言，狗超過七歲便開始出現老化現象。

狗的毛皮讓牠
不怕蚊蟲叮咬

　　隨著蚊蟲出現，夏天在戶外吃飯很快變成了惡夢一場。你的愛犬則幸運多了，牠似乎一點也不在意蚊蟲叮咬……

那可不見得！

你要瞭解

　　狗的毛皮在我們眼中就如同一道能夠有效隔絕蚊蟲叮咬的屏障。此外，被蚊蟲叮咬後的狗，皮膚上並不會出現小腫塊。

　　然而，吸血昆蟲仍然可以叮咬狗兒無毛以及嬌嫩的皮膚部位，如：腹部、乳房、臀部、耳廓等。這類叮咬通常沒有危險性，但仍有可能在嘴部以及耳朵四周引起會造成脫毛發癢的腫塊。

　　最嚴重的是橫行於法國南部的白蛉，也就是俗稱的小「蚊子」，這種蚊子能夠將利什曼症（leishmaniose）傳染給狗，那是一種慢性的致命疾病。

該怎麼辦

　　如果你一整年或是整個夏季都住在地中海區域（從蔚藍海岸延伸至阿爾岱什，包括科西嘉島），請保護好你的愛犬，別讓牠被白蛉叮咬。接近黃昏時就要讓你的愛犬進入屋裡，因為這是白蛉一天中最活躍的時刻，但是這種昆蟲卻不太會進入住宅。可能的話，盡量住在較高的樓層或是水邊，因為白蛉懼高，也不喜歡風。

　　除此之外，大家也應當知道時下流行的驅蟲植物（如檸檬香茅）對於白蛉起不了太大的作用。

　　但是，你可以為愛犬戴上效期長達數月的驅蟲項圈、定時噴灑或是滴上以除蟲菊提煉的防蚊液。

利什曼症

受到病媒蚊叮咬之後，利什曼症的症狀可以持續三個月至一年以上之久，若狗曾經在白蛉活躍的區域住過，並且持續出現精神不振、皮膚狀況不佳、體重減輕、流鼻血以及（或是）指甲過長等狀況，一定要告知獸醫。

狗的世界是黑白的，
牠無法辨顏色

當你知道狗無法欣賞院子中五顏六色的花海時，你有些失落。你很難想像，在黑白世界裡牠如何能夠享受花樣年華呢？

狗的視力恰恰符合牠的需求。

你要瞭解

由於人類對狗的視網膜結構認識不足，長期以來都以為狗只能辨別黑色與白色。然而研究報告顯示，狗也和人類一樣，視網膜是由對光線敏感的桿細胞以及對顏色敏感的錐細胞組成。只是狗的錐細胞比例以及多樣化程度遠不如人類。

所以狗仍可以分辨若干顏色，如藍色與綠色，但很明顯無法辨別紅色與橘色。另一方面，狗也無法分辨顏色的層次。

> **經驗分享**
> 為了發展幼犬的視覺能力，我建議飼主要盡量讓視覺環境豐富多變，可多佈置些不同的物件，如兒童的玩具。

該怎麼辦

別因為狗對色彩的鑑別力較差，就認為牠有視力障礙。因為這項能力對於牠在狩獵並方面沒有多大的用處。事實上，身為一種掠食者，狗需要的是能在遠處就察覺任何細微的動靜，而不是分辨你衣服上黃色與橘色的層次差異！

你可以完全放心地在夜間帶狗外出散步；狗的夜視能力遠勝於人類，因為牠們的視網膜擁有大量的桿細胞，瞳孔也具有極佳的放大能力，可以攝取足夠的光線。

你知道嗎？

夜間視力的祕密：視網膜的後方有一道反射膜，稱為光神經纖維層（tapetum lucidum）。這一道膜能夠反射所有未被桿神經感知的光波，進而提高視網膜對於光線的敏感度。我們經常在狗以及貓放大的瞳孔中見到的綠色亮光，就是從這道反射膜反射出來的。

狗是大近視眼

散步的時候，狗從來不曾遠離你超過二十公尺以上，牠會一直不斷回頭來確定你還在視線範圍之內，並且時時繞回你身邊。因此你懷疑牠的視力是否良好。

狗的視力和人類大不相同！

你要瞭解

大部分動物的視力，至今仍是個謎。專家們長期以來認為狗無法看清楚遠方，並認為牠們是靠聽覺以及出色的嗅覺來偵測獵物。沒錯，狗的視覺不如人類敏銳，但這不代表牠們看不見！

狗的視力是適合狩獵的，牠們對於定點物體的周遭看得不太清楚，因為牠們的眼球相對來說較為扁平，因此在聚焦方面不是那麼精準。

但是，狗的眼睛對於光線以及移動物體的敏感度要比人類高出一百倍；牠們在夜間的視力就如同白天時一樣好，對於近距離活動的偵測也和遠距離一樣出色。舉例來說，牧羊犬甚至可以在一‧五公里之外看到飼主的手勢！

該怎麼辦

你可以測試愛犬的遠距視力；找個空曠的場所，遠離你的愛犬，然後停下腳步，並呼喚牠，讓牠看著你。隨後手上拿著一片餅乾搖晃，如果狗走過來，並且依照你的指示坐下，就以手上的餅乾犒賞牠。一旦狗明白規定，你就可以增加練習距離，並且改成空手搖晃，試試牠的反應。

每次狗完成練習時，摸摸牠以示鼓勵。然後再繼續進行不同距離的測試。

每種狗的嗅覺
都一樣好

　　不可否認，你的狗擁有極佳的嗅覺。當你看著牠一邊將鼻頭貼著地面一邊散步，你不禁以為有朝一日牠可能會成為出色的松露搜尋犬。管牠是什麼品種……

錯囉！

你要瞭解

　　長久以來，大家總以為狗的嗅覺和品種無關，而主要是跟狗本身以及牠所接受的訓練有關；所以有些狗或是特定血統的狗被公認擁有出色的「鼻子」。

　　近期的生理解剖研究顯示，狗的品種會影響其嗅覺黏液的面積以及接收氣味的細胞數量；鼻子越細長，對於氣味的敏感度也會越高，例如：德國狼犬就經常被賦予追蹤麻醉違禁品的任務，因為牠們擁有兩億個嗅覺細胞，而拳師狗僅擁有一億四千七百萬個，科卡犬（Cocker）擁有六千七百萬個，人類

則擁有五百萬個。另外，臉部扁平的犬種因為竇腔的結構特殊，呼吸時氣流量明顯比其他狗還要少。

該怎麼辦

　　若想培養狗擁有良好的嗅覺，就得注意別讓任何東西干擾狗的嗅覺。狗的鼻子應當隨時保持溼潤，才能有效攫取氣味分子，並將氣味分子傳遞至嗅覺膜。此外，狗的鼻腔也必須保持暢通，不可以有任何鼻炎症狀。

　　訓練狗的嗅覺必須透過遊戲，你可以將少許乾狗糧放在打結的襪子裡，要狗去找出來，任務達成後記得給予獎賞。

　　接著逐漸提高遊戲難度，例如：將襪子藏起來或是埋起來、將乾狗糧藏在特製的塑

膠方塊裡、只在布塊上留下乾狗糧的氣味……等，你也可以一開始就以小塊松露來取代乾狗糧，說不定就可將牠訓練成松露搜尋犬！

嗅覺靈敏度

嗅覺黏液的色素也會影響狗的嗅覺靈敏度。而深毛色犬隻的嗅覺要比白色或淺毛色犬隻來得好。母犬的「鼻子」也比公犬靈敏許多。

第六章

衛生

狗不應該洗澡

你的愛犬對於浴缸非常陌生，更別提沐浴精的香味了。只有當牠自己弄得全身髒兮兮且充滿異味時，你才會破例幫牠沖沖水。你認為太常幫牠洗澡有害牠的健康。

錯！

你要瞭解

這個廣爲流傳且歷史悠久的說法，其實是源自過去人們不太注重家畜的衛生。

幫愛犬洗澡本來是一種特立獨行而且怪異的行爲，但在愛犬從室外狗窩搬入舒適柔軟的室內後，就成了一種必要。

但長期以來，因爲人們對於狗的膚質認識不足，所使用的清潔用品並不適合狗，甚至對牠們的皮膚造成刺激，造成許多飼主至今仍然對於是否要定期爲愛犬洗澡存有疑慮。

其實，即使你的愛犬不大喜歡洗澡，經常幫狗清洗身體也是讓牠保持健康的好方法喔！

洗澡的重要性

定期洗澡有下列好處：
- 可清除老死的毛髮、皮屑與髒污，而促進皮膚呼吸。
- 讓毛色更漂亮閃耀。
- 能夠早期發現寄生蟲、傷口與皮膚病變。

該怎麼辦

不要等到你的愛犬渾身都是爛泥巴時才幫牠洗澡！爲了讓狗擁有一身漂亮光鮮的毛皮，除了平常的梳理之外，定期用犬隻專用的沐浴精爲牠洗澡也是必要的。

到底該多久爲愛犬洗澡一次，目前仍無定論。對照人類的頭髮，可以參考以下因素：生活型態（戶內／戶外、城市、鄉間……）、活動項目（狩獵、海泳等）、毛髮種類（長短、紋路……）、毛色（白毛較容易髒）

等，來決定洗澡的頻率。因爲城市裡灰塵、碳氫化合物以及其他污染較多，生活在都市裡的狗更應經常洗澡。而長毛犬（西施犬）比短毛犬（杜賓犬）更須使用沐浴精清洗毛髮。

若居住在城市裡，建議每十五日至一個月要使用沐浴精幫狗洗澡，如果有定期幫狗梳理毛髮的習慣，則可以延長至每兩個月一次。若狗的皮膚狀況需要，則可每週使用。

嬰兒專用的溫和沐浴精
也可以讓狗使用

　　你所飼養的比熊犬（Bichon），毛髮質地絲亮而脆弱，為了要好好維護牠的毛髮，你決定讓牠使用寶寶專用的「pH值中性」溫和沐浴精。

你的愛犬可不是兒童啊！

你要瞭解

　　即使廠商十分強調自家清潔產品的溫和性、中性以及抗敏感特性，仍舊沒有任何一種人類專用的沐浴精適合狗使用，因為牠們的皮膚和人類的不同！

　　首先，狗的皮膚細緻許多，也脆弱許多。其次，狗的皮膚上有許多毛與皮脂腺，會分泌許多皮脂（一層薄薄地覆蓋在毛髮外圍的油脂）。

　　另外，狗皮膚的pH值趨近鹼性，數值約在7至7.5之間，而人類則在5左右。人所使用的沐浴精再怎麼溫和，對狗的皮膚而言仍然過於刺激，並可能會引起過敏、皮膚乾澀或紅斑發癢。嬰兒專用沐浴精則更不適合，因為其酸鹼度更偏酸性。

該怎麼辦

　　你只能使用犬隻皮膚專用配方的沐浴精為狗洗澡。市售的清潔沐浴精都非常溫和，因為這些產品都很注重狗皮膚的pH值，所以可以常常使用。最好的產品要能夠清潔皮膚與毛髮，還能滋潤表皮以及修復油脂、保護薄膜。

　　目前市面上的沐浴精產品可說是琳琅滿目，請根據狗的膚質（正常、乾性、油性）和毛髮來選擇合適的產品，有任何疑問請詢問狗的美容師以及獸醫。

　　不當的沖水方式及烘乾過程可能破壞原本的沐浴效果，為狗沖水時請務必小心。請用溫水持續沖洗數分鐘，以將殘餘的沐浴精洗淨，因為這是過敏原之一。吹乾毛髮時，記得用吸水毛巾為狗擦拭，吹風機的溫度也要調低，並且不要太靠近狗的身體，以避免對毛髮造成損傷。

　　最後再為狗塗上免沖洗的潤膚產品，就大功告成了。

 經驗分享
我不建議讓狗使用乾洗產品，因為那並不具有清潔效果，而且很容易讓髒污沾黏在狗的毛髮上面。

可以用棉花棒
來清潔狗的耳朵

大部分的人都想過要用棉花棒為狗清理耳朵，不是嗎？狗的耳道看起來似乎相當深，相較之下棉花棒顯然短了許多，所以使用上應該不會有什麼危險性……

錯了！

你要瞭解

犬類的耳朵解剖圖顯示，應當禁止使用棉花棒來清潔狗的耳朵。

事實上，人類的外耳道（耳朵入口至鼓膜）是水平而短的。相對來說，狗的外耳道直徑較窄，而且呈現「L」狀，即一段垂直，另一段水平，之後是鼓膜區。

將棉花棒插入狗的耳朵時，會同時將髒污（耳垢、毛髮、皮屑、灰塵等）向耳道更深處推擠，最後堆積在轉角處，反而更無法清除這些髒污！

棉花棒也會造成耳道黏膜過敏，因為該處非常脆弱，如果狗突然有任何動作，甚至會引起出血，因此，我不建議以棉花棒來幫狗清潔耳朵。

該怎麼辦

若要清理狗的耳道，請使用獸醫所建議的犬隻專用耳朵清潔器。

將清潔器放置在狗的外耳道口，並滴入一些藥劑。同時按摩耳朵的軟骨根部，直到滴入的藥劑上升到外耳道口。用棉花或是紗布將浮現的髒污清除，接著讓狗甩甩耳朵，剩下的藥劑將會隨著擺動而溢出。

耳毛則是用手一根根拔除最安全，深處則可改用耳鉗夾。

多久該清理一次

某些犬種需要經常清理耳朵，主要是經常分泌過多耳垢的犬種（如德國狼犬、洛威拿犬）、長耳及垂耳犬（如柯卡犬、獵犬），後者因為耳朵構造特殊而難以自行排除耳垢。

用溼棉花就足以
清潔狗的眼睛了

每天早晨狗起床時，眼角總是堆積著眼屎。於是你便用沾了自來水的棉花幫牠擦拭。但是翌日早晨，牠的眼角依舊堆著眼屎，而且眼睛呈現紅色！

這個舉動應該避免！

你要瞭解

當你在為狗清理眼睛這個最敏感脆弱的部位時，很有可能引起或加重牠眼睛過敏的症狀，狗的眼睛會發炎、發紅並分泌更多的淚液，感染之期不遠矣。

應當避免這樣的舉動，因為在棉花和皮膚、睫毛以及毛髮接觸的同時，可能遺留棉絮在眼睛裡。

此外，無菌的自來水通常含有鈣且偏鹼，長期接觸會引起眼睛黏膜（結膜、角膜）過敏，這些黏膜非常脆弱，並可能引發進一步的感染。

此外，如果眼睛已經因為淚液分泌不足而呈現「乾澀」，再接觸自來水只會令情況惡化，因為自來水會使角膜更加乾澀。

該怎麼辦

請使用沾了無菌狗貓專用人工淚液的紗布來擦拭，這些醫藥用品不僅無菌，而且非常溫和，因為其pH值（7.4）與犬科動物的淚液完全相符。迫不得已時，可以使用拋棄式生理食鹽水或是硼酸水洗劑。

記得清理過程要輕輕按壓，而非用力擦拭。先由內而外清理眼皮部位，接著再清除堆積在眼角內緣的眼屎。

清理完一隻眼睛，記得換一塊乾淨的紗布再繼續清理另一隻眼睛，以避免可能的細菌感染。

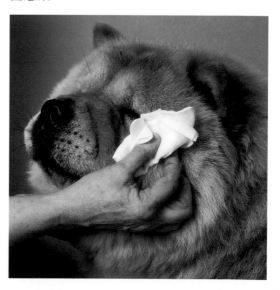

你知道嗎？

溫和的清理方式：現在市面上正開始流行一種犬隻眼睛專用的清潔紙巾，質地非常柔軟，事先以無菌洗劑浸泡過，並以無菌的小瓶密封包裝。

啃骨頭有益
狗的牙齒健康

每次你的愛犬經過肉鋪前面時，牠總是會稍稍逗留。因為牠知道裡面有牠最愛的骨頭！此外，你也認為啃食骨頭有益狗的牙齒健康，但是你的獸醫似乎不這麼想……

到底誰有理呢？

你要瞭解

數千年來，一直與人類一起生活的狗，總是以餐桌上的剩飯殘羹為食，偶爾補充些小型獵物，為此狗才會啃食骨頭。

於是在人們的印象中，骨頭變得和狗密不可分，即便市面上已出現各類狗糧，也無法改變此刻板印象。

儘管不受獸醫們推薦，骨頭依然是飼主最喜歡餵食的零嘴，因為他們仍舊誤以為骨頭能夠幫助狗清除牙垢。雖然咀嚼堅硬物質確實能產生類似刷牙的效果，但一些碎骨頭卻很可能會損傷口腔黏膜，嚴重時甚至會刺穿（腹膜炎）或堵塞（腸梗塞）消化道。

如果餵食骨頭是為了讓狗補充鈣質，建議直接在飼料中添加含有維生素D的良質骨粉來取代骨頭。

經驗分享

為了讓狗保有良好的牙齒衛生，要儘量避免讓狗吃零食，且每日只餵食一至二餐。野生的犬科動物很少一天能夠進食超過一餐，因此兩頓之間的間隔時間很長，這反倒有助於狗透過舌頭、下唇、唾液以及飲水等動作，達到清潔口腔的目的。

該怎麼辦

讓骨頭從你家愛犬的菜單上消失吧！為了讓牠保有漂亮的牙齒，也請餵食乾狗糧型態的堅硬食品，這類食品的結構與大小對於咀嚼以及齒齦按摩特別有幫助。一面進食一面潔牙，這可不是在作夢呀！

你可以使用橡膠玩具或繩索來增加狗的咀嚼行為，也可向獸醫購買事先以特殊酵素浸泡過的咀嚼用薄片或是細棍，這類產品能狗同時刮除牙菌斑與產生化學作用。

另外，近來常有狗因潔牙骨阻塞腸胃而送醫，飼主得慎選產品，並留意狗的狀況。

你知道嗎？

哪些是最危險的骨頭？答案是兔子的骨頭，因為兔子的碎骨頭既細且銳利，與刀鋒相比絲毫不遜色！

狗不必用牙刷

一口漂亮的牙齒是身體健康的象徵之一，也是正確使用牙刷的結果。這項在人類身上不變的真理似乎無法套用在我們最忠實的夥伴身上。再說，動物可沒有牙膏。

如果你錯了呢？

你要瞭解

狗和人一樣，都容易受到牙菌斑的威脅。此一富含細菌的菌斑主要附著在牙齒表面與根部生長，是牙齦發炎、口氣不佳和齒垢堆積並鈣化形成結石的主因。長期下來，牙結石會造成牙齒鬆脫、疼痛和牙根感染。

細菌也會侵蝕牙齒表面的琺瑯質，進而破壞象牙質和牙髓，造成蛀牙。當細菌進入牙髓時就會接觸到神經，產生疼痛感，狗會因此不停地張開嘴巴或用腳抓嘴巴，牙齒會變成茶褐色，嘴巴會散發出異味，吃起飼料也不如往常順利。

刷牙是對抗牙菌斑最有效的辦法，這個道理也適用在狗身上。

在野外生活的犬類可以藉著狩獵及剝皮的過程達到刷牙效果（咀嚼毛髮、羽毛、骨頭、肌腱等）。至於家犬則需要一點幫助。

該怎麼辦

讓你的愛犬從小習慣刷牙，每週應該用犬隻專用配方的牙膏為牠刷牙二至三次。

狗用牙膏通常都添加了狗喜愛的肉類氣味，而且吞嚥下去也不會有危險。

一開始可以用手指沾牙膏摩擦狗的牙齒表面，幾次之後可以改用指套或是直接使用牙刷。在飲食方面，因為口感柔軟的飼料容易造成牙垢，可以改餵硬質食物，或讓愛犬食用食物纖維。硬質食物也可幫助牙齒更為強健，減少牙根炎的發生。

你知道嗎？

嚼的牙膏！對於完全抗拒牙刷的狗，你可以選用一種牙膏嚼錠讓愛犬每日咀嚼，甚至有一種自黏貼片可以直接貼在齒齦上。請詢問獸醫。

經驗分享

已堆積齒垢的牙齒刷了也沒用。刷牙無法清除已經出現的齒垢，並可能在牙齦發炎時引起疼痛。請在清除牙垢之後數日再輕輕地為狗刷牙，並且要持之以恆！

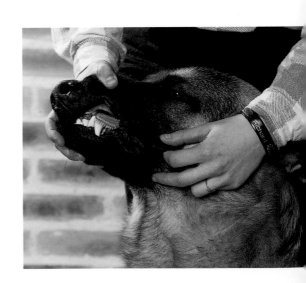

天冷時可讓狗穿上外套，
以免牠著涼

　　戶外的氣溫一降到攝氏十度左右，你就立刻為你的約克夏找出一件雙層羊毛外套，以便在帶牠外出散步時可以讓牠穿上。你已經作好承受路人異樣眼光的心理準備，畢竟對你來說，狗的健康重於一切。

狗真的需要穿外套嗎？

你要瞭解

　　狗的成衣目前在各大城市非常流行，舉凡外套、運動衫、運動帽、靴子等，應有盡有。除了流行美觀之外，絕大多數的買主將他們的愛犬視為自己小孩，認為牠們十分脆弱，因此需要保暖以免著涼。

　　事實上，狗的身體構造遠比人類耐寒許多。狗能夠全年都在戶外生活，或是住在簡單的遮蔽物之下，而不會著涼。

　　狗的皮膚和毛髮的組合就像是一件真正的外套；皮膚上一層天生的油脂以及冬季增生的底毛都有助於狗禦寒，同時兼具防水的功能。狗還有一層能夠隔絕寒冷的氣墊，此一氣墊儲存在毛髮之間，當毛髮豎起時，氣墊也會漲大。

你知道嗎？

狗的體重也有關係：偏瘦的狗比體重正常的狗怕冷，因為體內所儲存的脂肪較少。但是不要因此就在冬天將你的愛犬養胖，肥胖的狗其實並沒有更佳的禦寒能力！

該怎麼辦

　　狗在冬天是否要穿上外套，與狗屬於中長毛（如約克夏、西施犬）、短厚毛（如德國狼犬、拉布拉多、哈士奇）、硬毛（如西高地白梗犬、蘇格蘭梗犬）無關，也和狗在白天是否多半都待在戶外無關。

　　毛髮極短以及體型袖珍的犬種則怕冷得多，如果牠們平時住在有暖氣設備的公寓裡，在外出散步時，最好為牠們穿上外套。其目的在於預防因為溫度劇烈變化，導致狗「著涼」，禦寒倒是次要目的。

剪掉狗的毛，
可幫助狗抗暑

氣溫一下子飆升至攝氏三十度，你飼養的柏瑞牧羊犬（Briard）總是垂著舌頭，四處尋找陰涼的地方以便休息。牠一身的長毛讓你看了非常不忍心，於是你考慮要替牠剪毛好幫牠消暑。

這樣做若是無效呢？

你要瞭解

狗的被毛對我們而言是用來禦寒的外套，因此很自然地，我們會認為在大熱天裡狗會感到悶熱，特別是長厚毛的犬種，所以才會出現替狗剪短毛髮，好讓牠們透氣的想法。

的確，在春季換毛的時候，狗會長出較為稀疏的夏季毛髮，讓牠得以應付炎熱的夏天，這是因為底毛較少的緣故。但是這一身長度相同的毛髮，卻是狗在冷熱季節裡調節體溫所不可或缺的。

你知道嗎？

不掉毛：若干犬種，像是貴賓犬、貝林登梗犬（Bedlington Terrier）、凱利藍梗犬（Kerry Blue Terrier），都擁有細而捲曲的長毛。這些犬種需要經常修剪毛髮，但有個優點是牠們幾乎不掉毛。

狗的毛髮之間也有一層氣墊，扮演著隔熱及保溫層的角色。

毛髮也可保護狗的皮膚免於脫水，因為毛髮能隔絕紫外線，並且透過特殊腺體分泌具有保護作用的油膜，可說是一種「潤膚油」。

該怎麼辦

夏季來臨時，記得要常替狗梳理毛髮，以便盡可能清除換毛時脫落的死毛。

在最炎熱的時期，要多幫狗洗澡或用噴霧水龍頭幫牠沖水，水汽能夠為狗帶來清涼的感覺。

另外，除非狗的長毛出現結塊，否則不要為牠剪毛。結塊的毛髮會阻礙狗的皮膚呼吸，因此要盡快剪除，好讓狗能舒服地度過酷熱的天氣。

專業工作

替狗剪毛並不是一件可馬虎的工作，需要相當的經驗以及適當的工具。狗的皮膚可能會被銳利的刀刃刺傷或是被剪毛器灼熱的金屬頭燙傷，因此最好請專業人士代勞。

不能剪掉狗的指甲

你的狗走路一跛一跛的，獸醫也診斷出牠的指甲嵌入肉裡了。你很驚訝地看著獸醫正用指甲剪細心地為狗剪去每根爪子。狗不是會自行磨短爪子嗎？

要是你的想法錯了呢？

你要瞭解

剪指甲是我們維持身體衛生的一項工作，但很難想像狗也能夠自行修剪指甲！

狗的爪子就構造而言，和人類的指甲相似，牠們其實可以藉著和地面接觸來將爪子磨短。

不過，仍應隨時留意狗的爪子長度，在爪子磨損程度不足時為牠修剪是非常重要的。要不然，當爪子過長時便會形成捲曲狀，並且有嵌進腳掌的危險。

爪子磨損的程度取決於狗的活動量、地面材質以及爪子的生長位置。舉例來說，一隻大部分時間都待在屋內地磚上或是地毯上的家犬，其爪子磨損速度便會較慢，大約每五至六週就必須為牠修剪爪子；而懸趾（拇趾）的爪子則因為碰不著地面，根本無法被磨短，所以更須定期修剪。

指甲病變

許多疾病都會導致指甲生長加速。例如，利什曼症（由蚊蟲叮咬引起的寄生蟲感染）的主要症狀之一，便是四肢上的爪子結構正常但長度過長。

該怎麼辦

最好在專業商店裡選購合適的修剪工具，並依照狗的體型選擇合適的指甲剪。

當狗的爪子已經呈現半圓形時，請立刻為牠修剪爪子，但要避免剪到有微血管以及神經分布的部分，否則會導致流血並引起疼痛。

毛色淺的狗，爪子會呈現半透明的乳白色；你可以目測到呈現粉紅色的微血管部位，只要修剪至距離該部位數毫米的地方即可。毛色深的狗，其爪子則是不透明的；為了安全起見，你可以向獸醫或是寵物美容師請教適當的修剪尺度。

另外，狗剛洗完澡的時候最適合剪指甲，因為此時指甲較為柔軟。

狗只有在夏季
才會感染跳蚤

　　自從第一道寒流過境後，你就將所有抗寄生蟲的噴劑、滴劑以及項圈全部收進儲藏櫃裡。你認為沒有任何寄生蟲會在寒冷的季節出現，所以又何必在此時驅蟲呢！但事實上……

寄生蟲一年四季都存在！

你要瞭解

　　跳蚤的實際數量遠比想像的多，只是在炎熱的季節裡較容易被發現，但不代表冬天時就不存在。這種寄生蟲和蚊子、壁蝨以及

恙蟎幼蟲一樣，都被視為是夏季的困擾。飼主們總認為跳蚤在低溫下無法生存，所以當冬天在狗的毛髮裡發現跳蚤時，總是大吃一驚！

　　理由其實很簡單，跳蚤在我們溫暖的住家裡找到了「包住包吃」的場所，並且能夠安心地產卵繁殖，而不受寒冷天氣影響。

　　當成蟲在宿主（如狗、貓、兔子）身上安逸地大口吸血的同時，蟲卵以及幼蟲則在屋內的地毯、壁毯、沙發椅及地板上安全地成長，因為溫度以及溼度都非常適合牠們生長。難怪跳蚤會樂不思蜀啊！

該怎麼辦

　　全年都應當為狗驅趕、預防跳蚤，特別是在容易因為跳蚤叮咬而引起皮膚炎的炎熱季節。此類皮膚炎的症狀為：劇烈搔癢、掉毛、紅斑、結痂、傷口……等，少許的叮咬便足以讓狗暴露在感染病變的危險之中。

　　每年春、秋兩季應各進行一次屋內消毒，或採取替代方案（參照第105頁）。

　　即使是在冬季，也應該定期檢查狗的毛髮，以便早期發現跳蚤或是其糞便（小黑點）的蹤跡。

　　請在狗每次接受寵物美容後的二十四小時內，也為牠進行驅除跳蚤的工作。

　　而當狗的身體不乾淨時，跳蚤也會更容易繁殖，狗的身上就會寄生很多跳蚤，飼主可以用沐浴劑或梳子，幫助狗保持身體清潔。

經驗分享

"

我不建議採用驅蚤項圈、驅蚤粉或是抗寄生蟲沐浴精，因為這些產品的效期較短。我比較喜歡噴劑或是方便的滴劑，只須在狗的雙肩中央或是背脊線噴上或滴上藥劑即可。

已經接受驅蚤的狗，
身上不可能有跳蚤

你的愛犬一直用力搔抓頸部以及下背部，難道是跳蚤在作怪？
但是牠已經戴了驅蟲項圈，因此牠應該是對某種物品過敏。

錯！

你要瞭解

一般人總誤以為，只要在狗身上應用某項驅蚤產品，就能讓牠在使用說明中所註明的期限內免受跳蚤侵襲。

首先，即便是非常強效的產品，也無法在長時間內完全有效地預防跳蚤。其次，在狗身上發現的跳蚤實際上只是冰山一角；發現一隻跳蚤成蟲代表還有至少一百隻尚未成形的跳蚤（卵、幼蟲、蟲繭）散布在狗的生活周遭，這就說明了狗的抗蚤大作戰經常失敗的原因。

該怎麼辦

要定期用驅成蟲藥劑為家中飼養的動物驅蟲，最好使用噴劑或是滴劑。

你的住家也必須定期進行消毒；定期用吸塵器清理屋內，可以撒些殺蟲粉讓吸塵器吸入，以便殺死被封閉在吸塵袋裡的幼蟲。

隨後，在寵物經常出沒的角落（包括汽車）也噴灑上能夠同時撲殺成蟲與抑止跳蚤成長的藥劑。

也可將藥劑直接使用在狗身上來抑制跳蚤成長，驅成蟲藥劑的劑型有口服劑、噴劑以及滴劑等三種。

而利用除蚤梳這種齒縫較細的梳子來幫狗梳毛，也可以將跳蚤梳下。

跳蚤的一生

幼蟲（larva）：
在狗窩的溝槽皺褶處。

蛹（pupa）：
在壁毯、地毯的毯毛上或是地板溝槽裡；會因為震動而甦醒。

蟲卵（egg）：
掉落在狗睡覺的場所。

成蟲（adult）：
在狗身上逗留。

蓋住眼睛的瀏海
能夠保護狗的眼睛

你送你的西施犬去接受寵物美容，而你只有一項要求——別將蓋住牠眼睛的一排漂亮瀏海剪掉，因為你認為這排毛髮可以像簾幕一樣保護牠的眼睛。

真是怪異的想法！

你要瞭解

針對許多長毛犬種，目前最流行的造型就是在眼睛前留下一排濃密的瀏海。

對於很多柏瑞牧羊犬（Briard）、古代牧羊犬（Bobtail）、約克夏或是拉薩犬（Lhasa Apso）的飼主而言，這排毛髮就像是眼鏡，可保護狗的眼睛，並過濾紫外線！其證據是——這些狗出生就是如此。但不要忘記了，人類才是數個世紀以來對狗進行育種，並創造出這類多毛系統犬種的始作俑者！

其實，瀏海會妨礙視野，過長的毛髮一再摩擦眼睛，會刺激眼睛而讓狗流眼淚，有時也會造成慢性角膜損傷。狗可不須為了愛美而受這樣的苦啊！

該怎麼辦

如果狗的瀏海已經蓋過眼睛，請經常為牠修剪這排毛髮，並且用髮夾或是繩結將瀏海紮起來，以你看得見狗的眼睛為準則。

若做了以上防範，狗的眼睛仍有問題（眼睛紅、淚流不止、角膜問題），請立即送醫；可能是因異物掉入眼睛，或患了乾眼症、淚管堵塞、角膜潰瘍、過敏等疾病。

你知道嗎？

隱形眼鏡：雖然動物沒有普通眼鏡可戴，但目前已經有專門給狗配戴的隱形眼鏡問世（甚至有貓咪、馬匹的專用鏡片）。動物隱形眼鏡的作用並不是用來矯正視力，而是用來保護角膜，並幫助潰瘍部位修復。一般而言，動物隱形眼鏡必須日夜連續配戴十五日。

去除牙垢會造成
狗的牙齒脫落

獸醫建議讓你所飼養的約克夏接受洗牙以清除牙垢，但是你卻猶豫不決；因為上一次去除牙垢時，狗掉了三顆牙齒，按照這樣的速度，狗的牙齒很快就要掉光了！

如果掉牙是牙結石造成的呢？

你要瞭解

幫狗去除牙垢時，常常會順便拔牙，這就是大家盛傳清除牙垢會造成牙齒脫落的原因。

當細菌在食物屑上繁殖時，就會形成牙垢，牙垢變硬時，就變成牙結石。當牙垢與牙結石增加時，牙齒和牙齦之間就會產生縫隙。

你知道嗎？

牙齒問題：大約每五隻狗裡就有三隻有牙結石以及衍生的各種口腔牙齒問題，其中，有百分之八十以上的狗年齡超過五歲。

而被拔除的牙齒，都是因為牙結石堆積造成鬆動而隨時要掉落的牙齒。牙結石並無法固定牙齒，這種暗黃色的堅硬沈積物質，其實是硬化的牙菌斑。

牙菌斑是在牙齒表面以及齒齦邊緣上生長的一種細菌薄膜，這種大量的細菌堆積（一毫克的牙菌斑大約含有一千萬隻細菌！）會引起齒齦發炎，然後逐漸破壞齒齦並入侵齒齦，接著更深入攻擊支撐牙齒的各個部位（齒槽韌帶、齒槽骨頭）。

漸漸地，牙齒會隨著牙結石的增厚與深入而鬆動脫落。此時要儘快處理以免化膿。

該怎麼辦

獸醫若建議你的狗洗牙，就千萬別拖延。此一預防性治療能幫助狗長期保護牙齒。

另外，也要落實獸醫所處方的抗生療程，此一療程可以加強機器洗牙效果（去除牙結石、牙齒漂白），同時降低口腔內的細菌數，以避免後期的併發症，牙菌斑上面的細菌會藉由血液散布，進而感染心臟、腎臟以及肺臟等生理器官。

最後，定期使用適當的口腔照護方式，以預防牙結石再次發生。

第七章

行為

狗會時時顯露出恐懼行為
是因經常被毆打

高分貝的叫聲、電話鈴聲，甚至於看見掃帚，都會令你的愛犬感到恐懼。在街道上，牠一見到汽車或是行人出現，也會驚慌失措。但是牠從沒有受虐過。

為何牠會如此驚恐呢？

你要瞭解

當恐懼的原因不明，且非焦慮性原因（來自同類的威脅、雷擊、煙火等）時，就必須從曾經造成狗心理創傷的經驗來尋找原因。

被判定為高恐懼感的狗通常是從流浪狗之家認養而來的，因此多半沒有人知道牠們的過去。由於狗所反應出來的行為（大多是驚慌）與當下情境（看見戴帽男子、門鈴作響等）毫不搭軋，因此飼主便將問題的根源歸咎於狗先前遭受過的虐待。然

而，這些問題通常並非是因為狗曾受過身體暴力，而是因為錯誤的教育訓練所致。

這些狗在成長最關鍵的時期（三個月大之前），應當是生活在缺乏視覺與聽覺刺激的環境中（如鄉間的繁殖場），而且可能也缺乏與人類接觸互動的經驗。當牠們之後被認養時，就會難以融入截然不同且充滿外在刺激的環境，例如城市。於是，這些狗就會表現出真正的恐慌，同時也會導致牠們被遺棄的不幸遭遇。

該怎麼辦

當狗驚慌失控時，千萬不要試著想用撫摸或是溫柔的話語來安撫牠，你只會加強狗的激動情緒，狗會因為看見你有所反應，而認為自己的懼怕是完全有必要的。

面對該狀況時，最好刻意忽略，同時避免對狗說話並且不可注視牠；專心做你自己的事，一面等狗自行平靜下來，然後再召喚牠來一起玩耍。

如果你一從寵物店買回狗，沒多久就發

現狗會出現無來由的驚慌舉動，請盡快帶牠去看獸醫。

驚慌失措的幼犬

面對一隻容易驚惶的幼犬，及早向獸醫尋求建議，以找出對策是非常重要的。
若能在狗進入青春期之前進行治療，完全矯正的機率便很高。

狗和貓向來水火不容

你的孩子吵著要養貓咪，但你告訴他在家裡同時養貓和狗可能有困難，因為狗和貓無法生活在一起。

如果這不是事實呢？

你要瞭解

我們根深柢固地認為貓和狗這兩種動物是敵對關係。的確，在野生時期，貓是狗的獵物之一。然而，貓和狗即便生活型態不同，仍可以變成世界上最好的朋友，在我們周遭也不乏這一類的例子。

只要讓這兩種動物從小生活在一起，讓牠們彼此熟悉，就如同讓牠們熟悉人類社會一樣，一隻幼犬就能夠和貓群，甚至是兔群一起長大，並將牠們視為同類而不會追捕牠們。

即便這兩種動物並非從小生活在一起，牠們依然能夠產生情誼，只要後來才收養的貓咪是出生不久的幼貓，狗和貓就能夠和諧共處。因為狗會將幼貓視為需要保護的家庭新成員。

該怎麼辦

讓你的幼犬在三個月大之前，就習慣和貓相處；讓幼犬和幼貓、成貓甚至於其他動物（寵物鼠、兔子等）接觸。

如果你已經養了一隻貓，並且希望再養一隻幼犬，請謹記下列原則：用一道門將牠們隔開四十八個小時，讓牠們能夠先熟悉彼此的氣味。確實區分牠們的餐具，將貓咪的餐具放在高處。預備一個專屬於貓咪的空間，為牠布置能夠在高處休息的場所（如書架）。

如果你是在養狗後才要飼養幼貓，請找一個比較不會讓狗感覺受到侵犯的地方（例如飯廳），然後為狗引見關在籠子裡的幼貓，並讓狗熟悉幼貓的氣味。接著再放幼貓出籠，同時和狗玩遊戲以轉移狗的注意力，並緩和氣氛。

經驗分享

如哈士奇、馬拉密犬（Malamute）、薩摩耶犬（Samoyed）這類北方犬種，以及各種梗犬等，比其他犬種更喜歡追逐貓。如果你已經飼養了一隻無法習慣貓咪的狗，請不要再飼養新的幼貓。

某些犬種的**危險性特別高**

拉布拉多犬和杜賓犬（Dobermann）？你毫不考慮地為孩子選擇了拉布拉多，因為牠們向來以性情溫和出名。其實教養良好的杜賓犬對孩子是非常友善的，相反的，拉布拉多犬也可能深具攻擊性。

一切都取決於狗所接受的教養！

你要瞭解

現今有許多犬種的風評不良，因為人們往往將牠們和許多嚴重的意外事件聯想在一起，特別是美國史大佛夏牛頭犬（Amerian Staffordshire Terrier）。

除此之外，一般人經常混淆工作犬與具攻擊性的狗。因此，攻擊性究竟是先天遺傳或是後天養成的，一直爭議不斷。攻擊性真的是透過遺傳而來的嗎？

一九九九年一月六日在法國頒布的法令中，明確列出具有「潛在攻擊性」的犬種。但是此一法令並沒有任何學理根據支持（在自然環境中的動物行為本能）。

台灣行政院農業委員會也是以犬隻品種為標準，將比特犬（Pit Bull Terrier）、日本土佐犬（Japanese Tosa）和紐波利頓犬（Neapolitan Mastiff）定義為具攻擊性品種。

事實上，現在大家都知道狗的個性基本上取決於其生長及教養環境。唯一能夠透過親代遺傳的危險性是其身體的力量；一隻洛威拿犬的潛在危險性要比一隻約克夏大得多，因此生手千萬別飼養洛威拿。

你知道嗎？

「危險」犬種法令：在法國，洛威拿以及相近犬種都被一九九九年四月廿七日所頒布的法令列為「具備高度危險性」犬種。其飼主必須為狗採取若干必要措施，例如：戴口罩、特殊安全配備、政府機關許可證……等。

該怎麼辦

首先，不要先入為主地以犬種來判定其危險性。

你可以依據下列條件來提防具有危險性的狗：

• 在特定狀況下：一隻單獨在花園裡看守其領域範圍的狗可能防備心很強；而哺乳中的母犬為了保護幼犬可能會變得很兇惡；

• 如果狗露出帶有攻擊性的訊息，如：嘴唇外翻、嘴部緊皺、低鳴、毛髮豎起、耳朵向前豎立、尾巴挺直高舉……等；

• 如果你無法藉由撫摸卸除狗的警戒心；

• 如果你不認識狗。

當心稚齡幼童

即便只是短暫片刻，也千萬不要讓稚齡幼童和狗獨處。五歲之前的兒童無法明白狗所傳達的危險訊息，而且也無法做出回應。

狗保護自己的餐具
是很正常的

對於你的愛犬而言，牠的餐具是神聖不可侵犯的。每到用餐時刻，牠就會變得令人難以忍受，並且顯露出旺盛的食欲，但是進食速度十分緩慢且對四周保持警戒。任何想靠近牠的人都得當心！

這難道是殘餘的野性記憶嗎？

你要瞭解

任何人（包括飼主）一靠近餐具，狗就會開始低鳴。飼主往往將此行為歸咎於狗的個性，甚至本能反應；畢竟在自然界裡，動物保衛自己的食物，是一種生存法則。

嚴格說來，這樣的解釋對於人類和狗的共處是互相矛盾的。

在狗群（以及狼群）裡面存在著食物法則——領導者先進食；牠們總喜歡慢慢吃，喜歡在眾目睽睽之下進食，並且總是挑選最好的部位。只有牠們能夠決定下屬何時能夠靠近食物，吃剩餘的食物。

在家庭裡，狗進食的順序也反應出牠在家中的地位；狗一再出現攻擊性行為表示飼主缺乏威嚴，而且牠也自認為是領導者。

該怎麼辦

從幼犬一到達家裡，就得立即教導牠用餐規矩；狗只能在飼主用餐結束之後進食，如果執行上有困難，請在飼主用餐前至少一小時讓狗先進食，並且記得要定時定點，並使用固定的餐具。

在你準備餐點的同時，請制止狗一切激動或具攻擊性的姿態。不要看著牠進食，不要在進食十五分鐘內取走牠的餐具。從小就要教育牠習慣在用餐時受到干擾，例如：你可以用堅定的動作從食器裡取走數顆乾狗糧。

若是狗開始低鳴，你要立刻皺起眉頭並用堅定而威嚴的聲調說：「不可以！」。

經驗分享

我強烈建議你要教育家中的孩子以及貓咪，不要靠近用餐中的狗。即便是有教養的狗，也不能百分之百保證牠不會生氣咬人。

當狗搖尾巴時，
表示牠很開心

你家愛犬的尾巴是牠的情緒指標。當牠看著你並搖動尾巴時，你便知道愛犬此刻非常開心。但是，為何牠昨天在攻擊鄰居的狗之前，也有相同的舉動？

到底搖尾巴是開心還是不開心呢？

你要瞭解

大多數的人都認為，狗會藉由搖動尾巴來表達自己的好心情、邀請人一起玩耍或是要人家撫摸牠。

但是，搖尾巴並非總是傳遞這類訊息，因而可能會成為飼主和狗之間的誤會來源，進而引起嚴重的後果。

尾巴是狗讓人看見的溝通工具之一；狗藉由尾巴的位置（高度）、外形以及動作幅度，來表現所有情緒，從喜悅、不安到恐懼，甚至是警戒、警告等攻擊前的最後通牒！因此，認為狗搖動尾巴總是代表友善或好心情，可能會讓人陷入危險。請綜合尾巴以及狗的身體姿態，再作精確的評估吧！

尾巴也是狗用來向同類傳遞自己的意圖、精神狀態及社會地位（領導者或受支配者）的工具。

該怎麼辦

你可以藉由以下狗的尾巴高度及擺動方式，來解讀牠們的精神狀態：

- 尾巴高舉，尾巴毛髮豎起，只有尾巴尖端晃動：此為領導犬的動作（意指「我才是老大！」）；
- 尾巴低垂在雙腿之間，輕微搖晃：狗試著表示順從（意指「我聽候你的差遣！」）；
- 尾巴呈水平直線，緩緩擺動：狗全神貫注地警戒著（意指「你想要做什麼？」）；

- 尾巴大幅擺動：狗想遊戲或是非常開心（意指「一起玩耍好嗎？」、「生活真美好！」）；
- 尾巴連同腰部一起擺盪：狗向飼主打招呼（混雜著順從、尊敬以及愛戀）。

擺動尾巴是學習而來的

幼犬在一個月大之前還不能真正擺動尾巴。從七週大開始，牠就能夠支配尾巴的動作，於是牠就可開始學習同類的肢體語言。

狗也有同性戀

　　好一段時間以來，你飼養的公犬時常出現一個令人尷尬的舉止，牠會騎上社區內其他常和牠一起玩耍的公犬，也常跨上你家訪客的腿上做出相同舉動，而這些訪客也都是男性。你的愛犬會是同性戀嗎？

　　多奇怪的想法！

你要瞭解

　　這個至今仍廣為流傳的觀念其實是個誤解；人們所誤以為的同性戀行為，其實只不過是狗表現「社會地位高下」的舉動，這是一種在狗群以及狼群裡很常見的主從行為儀式。

　　在狗群裡面，只有領導者才能夠進行性行為，以及公開表現牠對性的需求。

　　因此，跨騎動作是領導者的特權，而領

> **經驗分享**
> 家中所飼養的母犬如果自以為是雄性，飼主們大可放心，因為母犬可能正處於發情期，或者只是要確認、鞏固其較高的社會地位。

導者也將此一動作運用在社交上，以展現牠對於其他臣屬公犬的威嚴及領導權。也就是說，跨騎的舉動並非總是帶有性的意味。

　　這些類似性交的動作會隨著骨盆擺動出現，但從來不會有完全勃起的現象。

　　母犬也會以相同的跨騎動作來宣示牠的地位，一樣與性無關，也並非性別錯亂的狀況。

　　而在性交過程的跨騎動作中，公犬首先會出現前戲階段，包括密集的嗅聞以及舔舐動作，其目的在於尋找性費洛蒙，同時會分泌泡沫狀唾液。

該怎麼辦

　　不要將帶有性意味的遊戲行為和社交跨騎行為混淆；性遊戲行為在幼犬進入青春期（五至六個月大）之前或在該時期就會出現。這些行為絲毫不具任何社會價值。

　　當狗對成人或是孩童出現跨騎動作時，得立即制止牠，並將牠趕回狗窩。另外，也絕對不可允許牠嗅聞別人的私處。

　　而正因為跨騎動作的目的主要是確認社交地位而不是性交，因此讓狗結紮，只能減少狗的性慾與主宰欲望而減少跨騎動作，無

> ### 雌性症候群
> 睪丸腫瘤會導致公犬出現荷爾蒙分泌問題，並出現「雌性症候群」：公犬會受其他公犬所吸引，對於母犬卻毫不感興趣，而且乳房會腫脹，小便時甚至不再抬起腳來。

法完全阻止。再者，結紮也無法改變狗的性格，一隻主動積極、企圖心強的狗，還是會喜歡領導地位，還是會去跨騎其他的狗。

狗對槍聲的恐懼感
就要以槍聲來治療

以往為了要矯正獵犬對於槍聲的恐懼感，總會將獵犬拴住，同時對空鳴槍直到獵犬習慣槍聲且不再露出任何懼怕的跡象。

這是個全憑運氣且十分危險的方法！

你要瞭解

這種經常被獵人採用的「療法」，是源自過去人們用來矯正自身恐懼感時所用的「沈浸法」（immersion）；此方法在於強迫個體持續密集地接受其恐懼來源的刺激，直到其恐懼感消失為止。

沈浸法早已被人類醫學所揚棄，尤其不該應用在害怕槍聲的犬隻身上，因為此方法常會引發犬隻的高度恐懼，並出現攻擊行為，狗會如同「瘋狂」一般；在這種粗暴的矯正行為之後，也會變得害怕一切事物。

除了槍聲外，有些狗會對雷鳴、鞭炮聲等巨大聲響有明顯的恐懼感。這種「聲音恐懼症」是狗常見的行為問題之一。

該怎麼辦

如果你的愛犬害怕槍聲、鞭炮聲以及煙火聲音，你應該盡快帶牠去看獸醫，由獸醫決定是否讓狗服用抗焦慮的藥物，並提供合適的行為矯正方式。在狗受到驚嚇時，如被雷聲嚇到，也請不要安撫牠，因為這只會加重牠的情緒化反應。你不必特別費心安撫牠，也別在意狗的恐懼反應，只要靜靜地繼續原本的活動（如洗碗、閱讀）即可。

讓狗從小就習慣接受聲音的刺激，可減少狗出現這類恐懼反應的可能性，例如：常常在和狗玩耍時播放各種容易引起焦慮的聲響錄音，並逐漸調高音量。除此之外，也可以盡早帶狗一起去打獵，若有其他較具經驗的獵犬在場，也能夠穩定牠的情緒。

你知道嗎？

又見錯誤的觀念！ 所謂害怕槍枝的基因根本不存在。一隻害怕槍聲的母犬所產下的幼犬，不見得就一定無法成為優秀的獵犬！一切取決於幼犬心理成長的各種條件（參照第12頁）。

母犬不會蹺家

所有準備要飼養小狗的人都會思考這個關鍵問題：養公犬好？還是養母犬好？狗蹺家的風險經常會左右飼主的抉擇，但是母犬也可能會蹺家。

難道這也是男女平等？

你要瞭解

一般人的印象裡，母犬基於本能，會留守在家裡，即使出門也不會離家太遠。

至於公犬，則較有冒險精神，勇於遠離自己的領域範圍。

此外，在狼群或是野生狗群裡，只有雄性會不時地遠離領地，不論此遠離舉動是暫時性還是永久性的。

即使母犬較不常發生蹺家行為，仍然有許多因素會促使母犬蹺家，例如：煩躁、家庭缺乏凝聚力、想要狩獵和玩耍，以及渴望與公犬相見。

> ### 經驗分享
> 如果你飼養的母犬一天中大部分的時間是獨自待在院子裡，我建議你盡快讓牠接受絕育手術，如此可以避免狗在發情期蹺家，或是院子的柵門遭到外面求愛的公犬破壞。

該怎麼辦

如果你遲遲無法決定要飼養公犬或是母犬，可以按照以下雌雄的特質列出所有優缺點：

- 體型：母犬通常比公犬矮小；
- 繁殖力：母犬平均每年發情兩次，每次約持續二至三週，而公犬則是一年到頭隨時都能夠「墜入情網」；
- 行為與教育：母犬通常比較溫馴，也不太會和其他狗發生衝突。公犬則比較適合當守衛犬，天生傾向會在家庭內競爭當領導者。但是公犬有個缺點——經常會抬起後腿小便，以標示自己的領土。

> ### 同儕效應
> 過群體生活的狗比單獨生活的狗更容易四處遊蕩。最常見的狀況是，狗群裡的領導犬帶領其他狗一起遊蕩。而幫一隻會蹺家的母犬（或是公犬）找個伴也不是一個好方法。

狗舔舐飼主
是為了乞求原諒

　　你的愛犬不喜歡別人將牠從沙發上驅離，於是轉身咬住你的手腕，但隨即又舔舔你的手腕。所以，你又再一次原諒愛犬的行為。

你千萬不可以心軟！

你要瞭解

　　大部分剛剛被咬的人會將狗舔舐傷口的舉動解讀為道歉行為。

　　事實卻恰恰相反。此一舉動其實是兩隻狗的競爭行為，或是狗和飼主的階級鬥爭行為中的最後階段。

　　此攻擊行為通常包括三個階段，依序為：

> **經驗分享**
> 如果你的愛犬出現此類行為，請盡快和獸醫連絡；若你不插手制止狗此一行為，牠很快就會自以為是家裡的老大，最後將會變得十分危險。

● 威嚇階段（低鳴、毛髮豎起、目光直視、嘴唇外翻）；

● 對手若不讓步則直接撲咬；

● 安撫階段，用來結束衝突：舔舐對方遭到囓咬的部位，並將前腳或是頭放在對方背上（當對手是狗時）、膝上或是身上（當對手是飼主時）。若被咬的一方接受此舉動，即代表順從。

　　於是，透過這樣的把戲，狗很快就會體認到囓咬是非常有效的，牠成功地確認牠仍然是沙發的主人！下一次牠甚至在囓咬之前都不下最後通牒了。

該怎麼辦

　　如果你的愛犬企圖嚇唬你（威嚇階段），請立即緊皺眉頭並用嚴厲的聲調將牠趕回狗窩，或是立即後退，這是避免被牠咬的最好方法（參照第121頁及127頁）。

　　拒絕安撫也非常重要；當狗一咬了你，你得立即暫停所有和牠的身體接觸，要立刻起身並且慢慢地疏遠牠，也不要注視牠。

　　飼主也別主動親吻狗，如果很希望能表達愛意，也請親在狗的鼻子上方，因為這個

階級鬥爭

在階級鬥爭行為當中，囓咬對方的犬隻領導地位越高，其囓咬的力道也拿捏得越精準；囓咬可能只有一般夾捏的力道，為的只是矯正對方踰矩的行為。但如果雙方的地位不夠明確，或是地位相近，則囓咬行為反而可能會形成流血事件！

動作仍帶有支配意味，可避免狗認為你的親吻是種討好，而養成牠不適當的領導心態。

狗舔舐人的臉部
是一種親暱的表現

當你回到家裡時，相同的場景總是會一再重演：你的愛犬歡欣地迎接你歸來，而你則會蹲下來將牠抱在懷裡，同時牠會藉由舔舐你的臉部，展現牠對你的依戀。

這個舉動另有含意！

你要瞭解

狗會主動舔舐飼主的臉部、雙手，甚至是裸露的足部。我們通常會將此舉解讀爲一種親暱的表現，是親吻飼主的方式。

會將狗舔舐人臉的行爲視爲親暱的表現，其實是對狗的接觸溝通行爲以及對狗群社會模式認識不夠深的緣故。

對於狗而言，舔舐行爲根據不同狀況而有以下不同的意義：

• 要求餵食：剛斷奶的幼犬會像幼狼那樣，舔舐及輕咬母犬的乳頭，催促母犬餵食；

• 爲了平息衝突的順服行爲；
• 領導犬在教訓其部屬之後的安撫舉動（參照第119頁）；
• 表示尊敬的舉動：狗在確認你的領導地位，同時牠也會壓低身體，並抬頭仰望；
• 吸引注意的舉動；
• 對於分泌物以及皮膚表面氣味感興趣！

經驗分享

千萬不要讓狗舔舐你或孩子的臉部，特別是新生兒的臉部，該舉動可能會令人感染危險的寄生蟲病。

該怎麼辦

當你的愛犬舔舐你的時候，試著解讀牠所要傳達的訊息：

• 是不是每次給牠點心吃，牠就會出現該舉動？這樣牠的目的就很清楚了！
• 是不是牠做了什麼蠢事，所以才會採取低姿態，想要平息你的怒氣？此時你得生氣地注視牠，並且要牠回狗窩去。
• 如果狗只是要迎接你回家或是吸引你的注意力，千萬不要藉著輕撫來獎勵牠，爲了衛生因素應該輕輕推開牠。如此也能避免惱人的場面，例如：大型犬撲到人身上並舔舐人的臉部。

碰見對自己造成威脅的狗，
得直視其目光

有一天，你和正在鄰居院子裡張牙舞爪的大型犬面對面碰個正著，而你自以為有妙計——大膽面對牠，並且逼視其目光，迫使牠退縮。

當心！這麼做很危險！

你要瞭解

在人與人的相處模式當中，在與你怒目相視的人面前目光低垂，是一種怯懦的表現；反之，若想要恫嚇對方則可以透過聲音、動作、姿態等方式，也可以採取堅定而帶有威嚴的直視目光。

在動物的世界裡，逼視的目光通常被視為一種威脅，因此，領導犬常會用目光打量其屬下以維持自身的威望；此時地位較低的犬隻會移開目光，或是就地躺下以示臣服。

用目光和狗對峙，特別是和一隻陌生的狗，是人時常發生的錯誤。

領導犬會將逼視解讀為挑釁，而心生懼怕的犬隻更會將此舉視為一場戰爭的前奏。不論是何者，最終都會引發狗的攻擊！

該怎麼辦

要是你受到陌生犬隻的威脅，眼神千萬不要和狗的目光直接接觸，應該將自己的目光落在狗的臀部或是背部上。不要轉身背對狗，而要正向朝向牠，然後緩緩退後，同時別將目光移開，也不可做出任何挑釁的舉動。

如果你的愛犬表現出帶有威脅的行為，記得不要輕舉妄動，以平息牠可能出現的攻擊行動。

在這種情況下，你應該將身體稍微向前傾，目光不要離開狗的背部，狗最後便會退讓，此時你就要命令狗回到狗窩去。

你知道嗎？

會演戲的領導犬：在用餐時刻用乞憐的目光注視著你的狗，其實是隻對盤中食物虎視眈眈的領導犬！

狗的衰老
讓人一籌莫展

你的愛犬整天都在睡覺，不再玩耍，也不喜歡被打擾。牠似乎失去了方向感，腦袋也不靈光了。你認為這些都是令人無計可施的衰老跡象。

如果狗是患了憂鬱症呢？

你要瞭解

狗這人類最忠實的夥伴的平均壽命也在延長，現今已經不時能夠遇見超過十二歲的高齡犬了。

當高齡犬出現問題時，飼主往往會將問題歸咎於年齡，似乎衰老本身是個無藥可醫的疾病。於是對於高齡犬的疲倦與癡呆現象，飼主會認為是正常而不可避免的。

其實，這類行為異常通常是憂鬱症的表現。應盡快找出對策或詢問獸醫，以避免狗的情況惡化。

該怎麼辦

如果你的高齡愛犬出現了下列憂鬱症的病徵，請盡快帶牠至動物醫院就醫：

* 牠對於周遭環境不再感興趣；
* 牠的睡眠出現障礙；
* 牠不再表現出開心的樣子，不再要求外出，也不再注重身體清潔；
* 牠不再聽從簡易的指令；
* 牠會漫無目的地閒晃、呻吟或是無來由地吠叫；
* 牠在散步時會迷失方向。

以上問題通常可以透過適當的藥物以及行為治療，而獲得改善。

經驗分享

別讓你的愛犬孤獨地度過老年，牠在此時反而需要更多的關注（遊戲、撫摸等），你甚至可為牠找個年輕的伴侶，有何不可呢？

狗會忌妒
家中的嬰兒

你的小家庭正期待著新生命的誕生，但是你同時也開始擔心起愛犬對於新成員會有什麼反應。牠是否會忌妒小寶寶？怎樣才能預防牠出現此一反應呢？

這並不是重點！

你要瞭解

忌妒心是人類特有的情感，但大部分的飼主卻誤以為狗也有忌妒心。這種情感所傳達的是一位受人喜愛者對於另一個受人喜愛者的懼怕。

在野生的狗群以及狼群裡，幼兒百分之百受到成犬或是成狼的容忍，因為牠們還不受階級地位的限制，而且都是領導者的後代（因為只有領導者才可進行性行為）。因此，狗不會忌妒家裡的新生兒，你無須擔心。

在狗與家中新生兒首次見面時之所以會出現意外行為，往往是因為狗缺乏和孩童互動的經驗，或是因為狗在家裡享有領導犬的地位，幸好這類狀況並不常見。

你知道嗎？

狗早已經「感覺」到了：許多初為人父者，會事先帶著嬰兒的衣物回家，讓狗熟悉嬰兒的氣味。其實這是多此一舉：狗能夠從女主人懷孕初期的荷爾蒙變化察覺到狀況，而男主人的衣服上也會沾有嬰兒的氣味。

該怎麼辦

在抱新生兒回家之前，請先和獸醫確認你的愛犬並未自認是家裡的領導者，有必要

的話，讓狗待在比牠自己原來的位置還低的地方。然後逐漸減少花在狗身上的時間，以便為迎接新生兒回家時可能引起的混亂預作準備。最後，不要忘記為愛犬進行驅蟲。

在嬰兒回到家後，可以讓狗接近並感受新生兒的存在，但一切都得在你的監督之下進行。另一方面，在哺乳時不可讓狗在場（母狼在哺乳時也會驅逐其他在場的同類）。最後，嚴格禁止狗進入寶寶的房間。

經驗分享

千萬別在孩子面前斥責家中的狗，以免牠將受到責罵與孩子聯想在一起。

狗不斷喘息是因為口渴了

在驅車出遊或是到公園散步之後，你的愛犬開始喘息。你認為這是因為牠非常口渴的關係，於是立即倒水給牠喝，但是牠卻時常拒絕喝水。

是否牠的喘息和口渴毫無關係呢？

你 要瞭解

狗並不會因為口渴而喘息，而是為了降低體溫才會喘息，其作用和人類排汗相似！

喘息通常在大量的身體活動之後或是天氣炎熱時才會出現。

為了排除體熱，狗會張開嘴巴並伸出舌頭，好讓口中和舌頭上的水分蒸發；而當清新的空氣進入體內並和血管接觸時，也可以達到降低體溫的目的。

當然，狗和人類一樣也會流汗，但只限於腳掌，不像人類可藉皮膚的水分蒸發帶走熱量，因此仍需要配合喘氣才能達到散熱目的。

此外，當狗喘息時心跳也會加速，進而增進器官內血液循環的速度，並提高細胞內的含氧量。

該 怎麼辦

如果你的愛犬在大量運動後開始喘息，請讓牠安靜地在陰涼處休息。

另外，也要為牠準備一碗涼水，但不必強迫牠喝水。狗在大量運動後，至少要休息兩個小時才能進食。

在天氣炎熱的情況下，你也可以將狗安置在涼爽的場所，並用溼毛巾包住牠或是為牠沖水，好讓牠消暑。也要記得定時為牠更換飲用水。

如果狗的呼吸變得急促、困難，喘息聲非常響亮，同時顯得躁動或是出現嘔吐情形，請立刻帶牠就醫。因為這表示狗在過熱的天氣，已無法藉由單純的喘息來降低體溫。你的愛犬也有可能因此中暑。

如果狗經常有呼吸困難的症狀，可能是呼吸器官、循環器官和胸部出了毛病。

緊張與喘息

狗在情緒緊張時（如在獸醫診所的候診室等待）也會喘息。在此狀況下，狗的下唇會向後外翻，同時在眼睛下方以及額頭上都會出現皺紋，此為焦慮時的面部特徵。

給在桌旁討食的狗東西吃，
是無傷大雅的

每日三餐時刻你的愛犬總是會就定位，坐在你的右手邊，嘴巴靠在你的膝上，並對你投以哀求的目光。不用多久你就會投降，並且分了一些盤中的食物給牠。

萬萬不可！

你要瞭解

一隻在餐桌旁乞食的狗當然是想要一起用餐，但絕不是爲了增進大家的用餐氣氛。

對狗而言，能夠接觸到食物，代表一種社會地位以及階級價值。

在野生狗群裡，領導犬總是率先進食，並且經常在部屬用餐時干擾牠們，以便再從中分一杯羹。

如果你也容忍狗這個舉動，無疑是賦予牠領導犬的特權，牠將會越來越得寸進尺，並且可能在自己垂涎已久的肉塊不能盡快到口時，對你吠叫甚至是攻擊你。

該怎麼辦

如果狗在餐桌旁乞食，切記一定要拒絕牠，一點食物都不能給。別看著牠，假裝完全沒有注意到牠。如果牠將前腳或是嘴巴放上你的大腿或是餐桌，你一定要推開牠，不可猶豫。但是，不要對狗大聲叫喊或是拍打牠。

看顧好孩子們的點心，如果狗在看見孩子手上拿著麵包或是巧克力時撲跳上去，也要立即制止牠。

不放任狗乞食，就醫學觀點而言也是十分重要的，因爲這些正餐之外的零食經常造成狗過度肥胖。應在你用完餐後，再餵食你

你知道嗎？

進食順序教育：幼犬從斷奶期就開始學習進食順序；母犬會嚴格教導幼犬在自己及其他成犬之後用餐。這個規矩對於幼犬往後的教育是不可或缺的，同時也能幫助幼犬建立起自己的個性。

的愛犬，並且安排牠在安靜、不受任何人打擾的場所進食，隨後留下牠獨自進食。一般而言，狗的用餐時間大約是十分鐘。你可以在十五分鐘之後收拾清理狗的餐具，不管牠是否已經用餐完畢。事實上，在狗群裡，受領導的犬隻總是狼吞虎嚥地吃掉食物，而領導犬則總是悠哉地慢慢享用。

家裡有院子
對狗而言最是理想

對你而言，在城裡養狗實在是想都不敢想。要想讓狗幸福快樂，就得讓牠有足夠的生活空間以及綠地，因此家裡最好有院子讓牠盡情奔跑、玩耍、發洩……

那可不見得。

你要瞭解

對於大多數人來說，家裡有院子是養狗的必要條件之一，因為這樣才能讓狗在戶外盡情地發洩。我們總因只能將狗關在公寓裡而非常自責。

然而，對於狗的身心發展而言，院子不見得是最佳的解決方案。一些已經完全適應公寓生活的犬隻，對於半自由的生活反而會適應困難。此外，當狗獨自生活在院子裡時，可能感到無聊、失望，最後變得沮喪或是喜愛蹺家。

不管院子有多大，如果這是狗唯一的生活空間，那麼院子也只不過是個大型的露天獸欄。狗更需要的是能和人以及其他犬隻接觸、互動。

經驗分享

我總是再三向住在城市的飼主保證，生活在公寓裡的狗，只要每天能夠外出幾次，並且能夠定期到公園或是郊外活動，牠們也能夠過得非常愉快。

該怎麼辦

你應該將院子視為住屋的延伸；狗不會在院子裡盡情發洩，但是卻能夠在公園裡和其他犬隻愉快地玩耍。除此之外，將狗趕到院子裡獨自遊戲對你而言雖然方便，卻是十分荒謬的事，狗需要的是玩伴！

院子也不是狗的廁所，每天必須帶狗外出二至三次，以便牠能夠在戶外解決大小便等生理需求，以及和其他犬隻互相認識，好熟悉牠們的氣味。

總而言之，院子並不是狗的地盤，而是屬於你的空間；你還是得禁止狗進入特定區域，例如：菜圃。

關於飼養幼犬的建議

家裡有院子通常會延遲幼犬的上廁所訓練，因為你很難在牠獨自上過廁所之後立即獎勵牠。解決的方法是用牽繩帶牠進院子，以保持互動。

具有攻擊性的狗
是一隻領導犬

直到目前為止，你的愛犬都非常溫和，但是自從你打算為牠梳理毛髮時，你便開始對牠有所提防了；因為就在你準備要梳開狗糾結的毛髮時，牠便轉過身子並對你露出猙獰的目光。牠該不會是變成領導犬了吧？

不要妄下結論！

你要瞭解

這又是有關犬科動物行為的謠傳之一。其實，對大多數的人而言，狗要不就是順從飼主，是道地的受領導犬，要不就是具備攻擊性格，是十足的領導犬。這種二分法實在是過於簡單了，也常常造成飼主對寵物的誤解。

攻擊行為是犬科動物的正常本能，這是牠們在自身的安全、生存甚至是繁殖過程受到外力干涉時所出現的反應。

狗群裡的階級挑戰會引發攻擊行為，該模式在家庭中也會發生，狗仍會為了和人爭奪領導權而發動攻擊。

但是，攻擊行為也是恐懼、疼痛、挫折、焦慮、驚嚇、社交行為缺乏以及母性本能的表現，和領導性格無關。

該怎麼辦

與陌生犬隻相處時，千萬不要做出任何會挑起其攻擊行為的舉動，例如：不要在飼主不在場時侵入狗的領域、不要撫摸牠的幼犬、不要出其不意地撫摸牠、別將牠抱在懷裡等等。

如果你的愛犬對你齜牙咧嘴，千萬不要直視其雙眼，應將目光落在牠的背脊上；不可朝牠快步衝過去，也不要對牠大聲吼叫，得用堅定威嚴的語氣說：「不行！」來制止牠，同時面露不悅的神情，並立即下令要牠

回狗窩去。

最後，記得和獸醫一起研究分析你的愛犬出現攻擊行為的種種因素，獸醫將會給你適當的建議，以免狗將來再次出現類似行為。

> **經驗分享**
> 千萬別對你的愛犬百依百順，否則久而久之，牠將會自以為是老大，而在你突然禁止牠做平常可以進行的舉動時，轉而對你做出攻擊行為。

國家圖書館出版品預行編目資料

100 個錯誤的養狗觀念 / 蕾蒂西雅‧芭勒韓(Laetitia Barlerin)著；
武忠森譯. -- 初版. -- 新北市新店區 ：世茂, 2007 [民 96]
　　面；　公分. --（寵物館 ；A15）
　　譯自：100 idées fausses sur votre chien
　　ISBN 978-957-776-852-0（平裝）

　　1. 犬 － 飼養

437.664　　　　　　　　　　　　　　　　　96007674

寵物館 A15

100 個錯誤的養狗觀念

作　　　者／蕾蒂西雅‧芭勒韓
譯　　　者／武忠森
總 編 輯／申文淑
責任編輯／謝佩親
出 版 者／世茂出版有限公司
發 行 人／簡玉芬
登 記 證／局版臺省業字第 564 號
地　　　址／（231）新北市新店區民生路 19 號 5 樓
電　　　話／（02）2218-3277
傳　　　真／（02）2218-3239（訂書專線）
　　　　　　（02）2218-7539
劃撥帳號／19911841
戶　　　名／世茂出版有限公司
　　　　　　單次郵購總金額未滿 500 元（含），請加 50 元掛號費
酷 書 網／www.coolbooks.com.tw
排版製版／辰皓國際出版製作有限公司
印　　　刷／辰皓國際出版製作有限公司
初版一刷／2007 年 8 月
　　五刷／2012 年 4 月

ＩＳＢＮ／978-957-776-852-0
定　　　價／300 元

Original title: 100 idées fausses sur votre chien by Dr. Laetitia Barlerin
© FLER/ Rustica Editions 2005
Complex Chinese translation copyright © 2007 by Shymau Publishing Company
Published by arrangement with FLER/ Rustica Editions through jia-xi books co., ltd. Taiwan
All rights reserved.